最怕你一直浪费生命还安慰自己追求稳定

赵曙光◎编著

杭州出版社

图书在版编目(CIP)数据

最怕你一直浪费生命 还安慰自己追求稳定 / 赵曙光编著. — 杭州：杭州出版社,2017.10

ISBN 978-7-5565-0692-7

Ⅰ.①最… Ⅱ.①赵… Ⅲ.①成功心理—通俗读物 Ⅳ.①B848.4-49

中国版本图书馆 CIP 数据核字(2017)第 187218 号

最怕你一直浪费生命 还安慰自己追求稳定

ZUI PA NI YIZHI LANGFEI SHENGMING HAI ANWEI ZIJI ZHUIQIU WENDING

赵曙光 编著

责任编辑 夏斯斯 周海鸣

版式设计 黄亚玲

出版发行 杭州出版社(杭州市西湖文化广场 32 号 6 楼)

电话:0571-87997719 邮编:310014

印 刷 杭州印校印务有限公司

开 本 880 mm×1230 mm 1/32

印 张 6.25

字 数 170 千

版 印 次 2017 年 10 月第 1 版 2017 年 10 月第 1 次印刷

书 号 ISBN 978-7-5565-0692-7

定 价 36.00 元

Contents

目 录

Preface

前　言

刷新自我，迎接新挑战

无论你是初出茅庐的职场新人也好，还是已经建立功业的职场老手也罢，你都要记得时刻为自己补充“功力”，否则你将没有容身之地。

我们身处的这个时代，是一个信息膨胀、知识爆炸的时代，知识的力量是无穷的，因此对于我们来说，最重要的便是学习。在一个变化越来越快的时代，每个人既有的知识和技能很容易过时。如今好多拥有某种专门技术的人常常显得知识面狭窄，这种仅在技术方面片面发展的趋势，是非常不合适的。在很多职业中介机构的名录里，登记着无数受过教育的失业者的名字，其中大部分人都是因为自己没有进一步发展的专业能力而被人超越，最后丢失了原有的饭碗。因此，一个人要不断自我充电，才能避免工作上的危机。

在知识经济时代，必须勤于学习，善于学习，并且终生学习，才能在竞争激烈的社会中立于不败之地。工作每天都有新情况、新挑战，你每天都要面对新事物，学习与工作相伴，快乐工作离不开学习。

随着知识经济浪潮的到来，随之产生的"裂变效应"将会导致知识更新速度的不断加快，为了适应飞速发展的社会，终生学习或教育成为每个现代人的生存和发展的必经之路。据英国技术预测专家J. 马丁测算，人类的知识量每三年就增长一倍。西方目前流行这样一条"知识折旧律"："一年不学习，你所拥有的全部知识就会折旧80%。"

自我充电既是自我进步的需要，也是一笔划算的投资。"活到老，学到老"，在不断变化的时代中，你永远都要充电。对于一个身在职场的人来说，不断地充电学习、更新知识和每天保持干练的职业形象一样重要。即使你有专业背景，也要不断地学习，了解自己所从事的行业和职位的最新资讯，根据最新的职业要求，补充自己的技能，坚持与时俱进。

职场上一个人的前途之所以无限光明，是因为他事先就已经学会了扫除将来有可能遇到的各种障碍的必备知识。人的生活其实是由我们自己塑造而成的。我们如果能学会接受自己，弄清自身的优缺点，就能更好地专心做事，达到目标，不会浪费时间与精力。事实证明，在知识方面的"自我投资"是成功者的一个必备条件。

丹娜一直是个精力充沛的美丽姑娘，她喜欢多动手的工作，她的业余爱好是艺术和体育。她在上中学时，对大学预备课程没有兴趣，但是喜欢修理科、体育和艺术方面的课程，并且表现突出。

18 岁的时候，她找到了第一份工作——工厂装配工人，任务是将不同的电子元件装配在一起，月薪是 800 美元。之后，她又很快掌握了更加复杂的工作，并成为厂里干活最快和装配质量最好的装配工人。她还有维修技术设备的天分，当设备出现故障时，经常是丹娜让它重新运转起来。

三年之后，丹娜依然很喜欢在那家工厂工作，但她希望能够进入薪水较高的管理职位。她意识到这样的转变需要掌握更多的知识，于是她参加了社区学院举办的夜校。经过四年刻苦的学习，她获得了学位证明，被工厂提升为车间主管，月薪是 4000 美元，是当普通工人时的 5 倍。这大大地改善了丹娜的生活状况，并且更有财力去发展自己的爱好。

有许多人在学校时成绩平平，但日后在学识及事业上往往有惊人的表现，原因就在于向实践学习。你要相信知识能够改变命运，成就大事。

在今天的社会里，文凭虽然能帮你找到工作，却不能保证你在这份工作中一定有什么成就。如今的工作更重视能力，而不单单是文凭，所以你要继续学习，不断掌握新的知识和能力。一个人能一步一步随着岁月踏实地发展，经过一年就具有一年的实力，经过两年就具有两年的实力进而 10 年、20 年、30 年，逐渐造就与时间累积下的经验相称的实力。这种人属于真正的“大器晚成”。

有不少人在一份工作上干一段时间就觉得没意思了，想换一份工作。换份工作就得有条件、有实力，而实力来自自身。虽说现代社会的机会很多，但你要是不学习的话，必然会逐渐落后于社会。因此，你要天天学习，这样你就天天有进步，就会天天有机会，你的生活才会富有生机。你如果因为目前的工作进行得很顺利就感到很放心，每天悠闲地过安逸日子，那么目前的情形就不一定能维持很久了，失败的日子也许不远了。

有些人从学校毕业后进了社会就失去了进修的心，这种人以后都不会再有什么进步；反之，有些人学生时代虽然不显眼，但进入社会后仍然勤勉踏实地学习应学的事，往往会有长足的进步。能持续保持这种态度的人是只有进步、没有停顿的。

教育让我们有能力自己创造自己的快乐。在这方面，我们必须自学成才，学会自我更新、自我充电。面对工作的新情况、新挑战，面对生活的新事物，你要做到学习与工作相伴，工作就是学习。一个人的前途之所以无限光明，是因为他事先就已经学会了扫除将来有可能遇到的各种障碍的必备知识。事实证明，唯有在知识方面多一份“自我投资”，通往成功的路上便多一块基石；唯有重视能力的提升、知识的更新，新的成功便会实现。

Chapter 1

不必抱怨生活，只需改变自己

我们总是对自己的生活状态不满意，有太多的理由让我们变得平庸、乏味。其实不是命运太苛刻，而是我们没有勇气去改变自己。我们宁愿躺在周围一成不变的环境里抱怨，也不愿主动改变自己。因为改变，往往意味着挑战。

与其抱怨上帝，不如自我改变

世界上总有一些人，他们对自己的失败充满了抱怨，仿佛自己是世界上最不幸的人；而别人的成功，又往往那么轻而易举。

在抱怨者的世界里，不存在“公平”二字，仿佛成功本就应该属于你，而不应该属于别人。但是，你什么都不干，就想获取别人一样的成功，这公平吗？

老王就是这样一个人，他经常对朋友说：“老天爷真的是太不公平了，总是让有能力的人得不到机会，而没能力的人却成功了！那个老刘，你知道的吧？他曾经是我的同学，那时，他的成绩糟糕透了，还经常抄我的作业，现在他居然当上了作家，这么一个没能力的人，却成功了！”

朋友说：“可是，我听说老刘很能吃苦，常常写作到深夜……”还没等朋友将话说完，老王又接着说：“还有个叫周文的人，他也是我的同学，就他那个身体，连多走几步路都会喘不过气来，上体育课时经常不参加，现在你猜怎么样？他居然成了体育明星！”

朋友说：“可我在报纸上看到，周文除了吃饭睡觉，其余所有的时间都花在训练上……”没等朋友将话说完，老王又接过了话头：“特别让我生气的是李克，在学校里的时候，他连鸡腿和牛肉都吃不起，天天吃面包夹青菜叶，现在居然开了酒楼！”

这次，朋友没有急着说话，他在等老王将话说完。老王却急了：“你怎么不说话了？你说老天是不是不公平？”

朋友这才开口说：“要我说，老天是公平的。他让饥饿的人有肉吃，让身体瘦弱的人懂得锻炼的重要，给了每一只丑小鸭做白天鹅的梦想。难道这还不算公平吗？”

接着，朋友又意味深长地说：“每个人的成功都不是轻易得来的，与其抱怨自己的际遇，为什么不尝试去改变这一点呢？”

是的，这个世界并非你想象的那么不公平。相反的，上帝会让每个付出努力的人获得应有的回报。而那些一味抱怨的人，则永远得不到任何收获。因为那些人喜欢抱怨，不断地为失败找借口，所以他们就一直失败。

抱怨的人很少积极地想办法去解决问题，他们不认为积极主动地完成工作是自己的责任，却将抱怨和找借口视为理所当然。

还有些人自命清高、眼高手低，动辄感到自己被老板剥削，是在替别人卖命、打工，是别人赚钱的工具，因而在思想上产生严重的抵触情绪。他们的聪明才智没有用来思考如何更好地完成工作，而是整日抱怨，把大好的光阴白白浪费掉了。

更有甚者，当他不愿意去做一件事情时，早在做它之前，就已经想好了借口。

工作中，最常见的借口就是：

"我已经很努力了，但这种产品太没有名气了"、"我真是没有办法了，谁让对手太强了"、"我真的尽力了，不过我们的产品太贵了"、"我有什么办法，公司知名度那么低，谁会买咱们的商品呢"……

当自己没有做好上司交代下来的工作时，有些借口也很常见：

"这工作我本来就做不了，他以为我是哈佛毕业的吗"、"都怪他没有安排适合我做的工作，他就不能发现我的优点吗"、"唉，都是环境不好"、"别的同事都不配合我，我怎么干得完呢"、"他把我当成万能的主了，这种事情是我干得了的吗"……

就连一些管理层的干部，也会出现诸如这样的借口：

"这个项目我真的尽力去做了，但我手下的员工太笨了"、"我不能同时做好几件事情的呀，他们也不帮帮我"、"真让人头疼，这些人太难以沟通了"……

人们如此煞费心机地找借口，却无法将工作做好，这实在是一件非常奇怪的事情。如果那些一天到晚抱怨不断的人，肯将一半的精力和心思用在工作上，他们一定能够取得不错的成就。现在，停止你的抱怨吧，因为失败没有借口！

其实，失败并不可怕，而不敢面对现实才可怕。你只有勇于正视失败，才能更好地吸取经验教训，从而为下一次的成功做好准备。不要总是找借口推脱，其实你完全有能力将工作做得更好。

不依赖别人，做独立的自己

在现代生活中，人被高度社会化，不再独立生活，那么生活中，人与人之间相互依赖似乎是天经地义的。可是，殊不知相互依靠多半会沦为相互控制。

在这样高度社会化的人类生活中，独立的代价在短时间看似惨痛，长期来看却是自主、安闲的不二法门。

一个男生打了越洋电话给自己喜欢的女生，讲了两三个小时的电话后，女生问男生："越洋电话讲这么久，不浪费钱吗？"

"没事的，"电话那头传来男生的几声大笑，"电话费我老爸会付。"

"没事的，电话费我老爸会付"，打完电话女生挂上听筒，重复着男生的这句话，心想：你老爸能给你付多久呢，这辈子吗？让他父母出钱送他来念书，却不懂得节俭，花父母的钱似乎是天经地义的。想追我，我看要等下辈子了，依赖父母还不知感恩的寄生虫！

这个男生或许觉得仗着自己老爸是有钱人，想得到他的青睐的女孩子不知道有多少，便以为可以用钱追到任何一个自己喜欢的女生，可是他不知道，这个他苦苦追求的女生，知道他的为人，反而不再对他感兴趣了。

原来，这个男生家境富裕，从小到大，一直是父母为他准备好一切，他自己不必操心任何事。俗话说“拿人的手短，吃人的嘴软”，一直被父母供养，也就一直没有发言权和自主权。大学里要念什么科系，教育达到什么程度，从事什么行业，基本都由他的父母决定。

“以前隔壁有对卖面条的老夫妻就养了一个这种宝贝儿子。”她说，“父母连他娶什么样的妻子，婚后住在哪里，每个月交多少钱回家，什么时候生孩子，生几个，都给计划得清清楚楚。这儿子从小衣来伸手，饭来张口，没有任何能力来养活自己。年前突发奇想，他说要做生意，一年不到就赔了，而赔掉的钱还要靠老父母卖面条偿还。”一个以父母的钱为生，却不理解父母的辛苦，也不懂得为自己未来做打算的人，是没有任何地方值得别人信赖的。

有的人却完全不同，她看到楼下邻居家的男孩正好放学回家，便指着他说：“他叫约翰，刚满 20 岁，昨天刚存够钱买了辆二手车，还开心地跑来和我夸耀呢。”

“约翰上学前就开始随着爸爸修车，两年前向父母宣布独立，自己靠课余时间打零工赚取生活费，而学费还得靠父母。庆幸的是，他的成绩很好，上学期申请到了全额奖学金。这样一来，他的学费也解决了，现在自己还买了一辆二手车。他成熟，有主见，父母也非常尊重他，只要是他做出的决定，父母都会无条件地支持。”

听了这位女士的话，不禁让人感慨：前后两个男生为何有这么大的差距？

随着生活水平的提高以及夫妻对个人生活生计的正视，相比从前，越来越多的家庭更富裕了，不过现在的家庭只愿意养育一个孩子。仅仅为了照顾一两个子女而留在家里太不经济，大多的家庭选择工作，孩子则找保姆照顾，孩子便缺少了母爱和父爱，至少是减少了。这样，父母们就觉得亏欠了孩子，会对孩子的其他方面做出补偿，来弥补对他们的照顾不周，以至于对孩子的所有要求都通通接受，这就造成现代的多数年轻人都在受保护与宠爱的环境中长大。这样做有利也有弊：利处是孩子们只需要专注学习与成长，不必面临生活中琐碎的现实与阻碍；弊处是他们不知人间疾苦，似乎是不食人间烟火，视父母所给的一切为应该的。

由于受西方文化的影响，当下这一代人之中也有很多人因为独立意识的增强，开始急于脱离对父母的依赖，想和外国孩子一样过着自由自在的生活。殊不知外国孩子之所以能和父母平起平坐，完全独立，是因为整个文化环境的要求，生存环境要求年轻人独立自主。

在美国，学生半工半读，甚至为赚取学费而休学多年，直到存够钱才念书，或是成家立业之后再读书深造，这些都是极为普遍的现象——自由是要付出代价的，那得靠自己的努力去换取。

在中国台湾，许多家庭花钱送自己的孩子远涉重洋到国外留学，因为怕孩子的学习跟不上进度，父母们要求孩子不要打工、不要贪玩，更不要谈恋爱——只希望他们的孩子每日关在房里学习。

实际上，多数年轻人的行为与他们父母的要求刚好相反，尽管父母们一再敦促，他们仍是到外面游戏作乐，成绩也毫无起色，身在台湾的父母却鞭长莫及。父母们常常是发了疯似的到处打电话拜托熟人帮忙督促自己的孩子。督促得紧了，本就叛逆的年轻人就会觉得烦了，觉得自己被控制了，自由没了，便郑重其事地告诉自己的父母："请你们尊重我的自由，我不再是个小孩子了，要过自己的生活！”

这样的孩子，假如剥离去父母给予的一切，自己的生活似乎什么都没有了。

我始终在想：一个既没有生活经验又没有生活技能的人，要如何在现实社会中生存呢？

保护，仅仅靠道德和法律，似乎就可以了，如果再加入亲情所给予的无数金钱，这就不再是保护，而是给孩子堆砌了一个堡垒，孩子的自由尽失，最大的问题是，孩子没有在社会中生存的经验，自己有多大的潜力也并不能挖掘出来。

也许你会问：有人为你切好了一块肉，正打算送到你的嘴边，你会拒绝这块肉，然后亲自去赚钱买肉吃？更何况，这肉不是来自别人，而是自己的父母。从小到大，你已经吃了这么多切好的送到嘴边的肉，还会害怕多一次吗？而这就是依赖。

让人不解的是，许多人并不看好独立，并不认为这是自由，而认为自由是另一种形式的束缚，殊不知独立才是能让人自由自在的基础。你若真的赚到了钱，不一定只去买块肉，自己拿着钱可以自由地买食物。这时，你看到的不仅仅只有肉，最好吃的也不仅仅只是肉，好吃的东西实在还有很多。

永远不要让你的“武功”生疏

在武侠小说里，有很多风流一时的大侠豪客，在经过勤学苦练而扬名天下之后，就认为自己从此万事无忧，从而终日玩乐，不思进取。不难想象，故事最终的结果是，那些武功日益生疏的大侠们，往往会被最新崛起的武林新秀击倒，在他们倒下去的一刹那，仍然不能相信自己会被一个毛头小子打败。

长江后浪推前浪，前浪死在沙滩上，现实就是这么残酷。

在这个科技进步日新月异的社会里，如果你总是沉迷于安逸的环境，缺乏必要的锻炼，很快就会被这个社会所淘汰。曾经听过这样一个故事：

有一位成功的企业家，他拥有一家五星级大酒店，资产几十亿。按理说，功成名就，早该刀枪入库马放南山了，可这位企业家很是让人费解，他时常从他那宽大的总经理办公室中走出来，穿上工作服来到后厨，煎炒烹饪一番，还和厨师们共同研讨，不断增加新菜品。一天，有人问他为什么要这样做，他便讲述了一个他当学徒时发生的一件事。这位企业家回忆道：

“那是我当学徒的第三年。我们那所学校并不是全日制学校，学员随时可以来，随时可以走。别人一般只学一年就走了，因为学一年就能拿到三级厨师证，就可以到饭店里挣钱了。只有我，在那里学了三年，新来的学弟学妹都管我叫大师兄。我在班里成绩最好，悟性也高，我的老师，一名特三级厨师就把带新生的任务交给了我。

“可以说，我帮了老师很大的忙。那一年，他显得非常轻松。上课时，他讲理论，而实际演示则全由我来操作，他只是在一旁讲解。有一天，不知是为什么，也许是一时冲动，也许是心血来潮，我的老师突然系上围裙要为学员们亲自操作一番，我只好退到一旁为他打下手。从一开始，我就看出他已经有些生疏了，毕竟都快一年没上灶了，我为他捏了一把汗。果然，在掂勺时，火‘呼呼’着起来后，他一慌神，炒勺脱手掉在灶上翻了，他的手也被烧伤了。

“我们灭了火，他还站在那儿一动不动。我扶着他上医院，处理完伤口，他对我说了一句话：记住，如果热爱它，就永远别让它生疏。自此以后，老师退休回家，再也没有收过徒弟，更没对人提起过他曾是个特三级厨师。”

在现实生活中，又有多少人能像这位企业家这样认真对待自己的工作呢？有的人出了一本书，写了一篇好文章，混了个作家的头衔后，就再难以看到他的力作了；有的人唱了一首好歌，被捧成明星，却再难以听到他唱出的新歌了；更有成千上万的家长，逼孩子学琴学画学舞蹈，好让孩子将来当个艺术家，却不管孩子是否真正喜欢它、热爱它。前两类人吃老本，以“当年勇”自居，不求创新、不求上进；最后一类人好高骛远，无的放矢，抹杀了孩子的天性和潜能。无疑，这都不是真正的热爱，而是对自己及他人的不负责任。

这位企业家创业不易，酒店由小到大，由大到强，每一步都付出了很多的心血。可无论怎样，他始终没有忘记自己是个厨师，是一个拥有特三级证书的厨师。在这位企业家心中，这个身份远比他的总经理头衔更重要。为不枉这个身份，他时刻都在不懈努力，坚持不懈地进取。

为什么美女大多不认路

人类中有一个特殊的群体——美女，她们身上可以看到一个有趣的现象，即大多数美女是个路盲。美女们大多都不太认路，原因是美女不需要认路，因为她们身边总不会缺人，她们出入大多有人接送，有的就连车也很少自己开。即使要开车，车里也会有一个 GPS。可是，当 GPS 出现故障的时候，美女就彻底崩溃了。

这并不是说美貌与方向感成反比，下面看一个例子。

小 M 是著名房地产公司销售经理，身高一米七二，人长得漂亮，且端庄淑雅，每个月的销售业绩数一数二，属于典型的金领丽人。自己有私家车，可是每次朋友聚会她总要迟到。每次大家到齐后十分钟都会接到她的电话："哎呀，我应该就在附近了，你们等我啊！"每次接到她报到的电话，就是大家吃饭的时间。

"别等了，我们吃饭，半小时之内不会到。"果然，半小时以后会接到她的第二个电话："你们在哪里啊？还没吃吧？天啊！我快疯掉了，这 GPS 也是个路盲！"

这时候，所有人都不会觉得奇怪："你就原地待命，我们打包向你报到得了！"

其实小 M 并不是路盲，工作时候方向感最强的就是她，不管在楼房的什么地方，她都能给你指出东南西北，一个新的楼盘，只要走上一遍，就全部装在她的脑袋里了，地图也在脑袋里画好了。是不是小 M 工作的时候方向感就恢复，下班的时候就丢失呢？不是，是因为依赖感让她成了路盲。就在小 M 买车的第一天，有很多对美女献殷勤的帅哥告诉她："女人都是路盲，GPS 就是专为女人设计的，尤其是美女。"小 M 担心开车时迷了路，就买了一个 GPS。以后自己开车的时候就完全依赖 GPS 了，她在车上的方向感从此完全消失。

其实，能力＝天赋×时间。小M没有在认路上花费任何时间，所以在认路上无任何能力而言；一旦到了楼盘里面，就完全是另外一个状态了。

“女人不认路”和对GPS的依赖感让小M在车上成了一个路盲，她在这个方面极度不自信，恐惧感也由此而生。

人的潜能是无限的，其能力的大小是不可测的。潜能就好像人的咨询顾问，如果你信任它，它就不会让你失望；但是，如果你去依赖其他的东西，它就会慢慢远离你，在你需要的时候，它会躲得远远的，再也找不到它的踪影。信任自身潜力的人就会渐渐建立起自信与安全感，不相信自身潜力的人，这种潜力会逐渐消失，就像小M，她的认路潜能被GPS替代。也就是说，这个方面的自信与你无缘了，你变成了安全感的奴隶。

假如仅仅是个路盲，这并不会影响到人的生命，但是在其他方面，如果我们也一点点丧失对自身的自信，从而丧失自身的潜能，生命就有可能会慢慢关上所有的门。

保罗是西门子的一个工程师，后来被提升为部门经理，负责三个项目。虽然接受了这个职位，但是他总觉得自己没有领导力，无法对TM（Team Manager）讲清楚他的要求。为了提升自己的领导能力，他参加了培训班。其实，保罗的能力很强，资历也够，个人形象也很好，本该是一个很好的领导人才。在课堂上，每次小组讨论的时候，他都是口若悬河，铿锵有力；一旦要让他作为领导对员工进行总结时就好像变了一个人，磕磕巴巴，语无伦次，且多自我否定之言，比如“我也不太确定自己的想法是不是正确，希望大家能提出更好的办法”之类。一边是完美表达自己的人，一边是毫无自信的人，前后判若两人，充满了矛盾。为什么保罗会这样呢？

原来，保罗小时候有一个哥哥，自己的成绩一直比哥哥好，虽然年龄比哥哥小，但是每次商量事情时，家人都会接受保罗的意见，而哥哥则会被晾在一边。所以，每次遇到这种情况，哥哥都会在私下里揍保罗一顿。渐渐地，当保罗再说出自己的意见时，总会加上一句话：“这只是我的想法，未必正确。”从小就形成了一个概念：直接表达自己的意见是要挨揍的。后来，保罗在参加培训时经过老师的帮助克服了这个心理障碍，关于领导力的自信也就回来了，他开始意识到：“原来我天生就是个领导者！”

“女人是不认路的！”一句话被接受，就消灭了自己识路的潜能，所以开始依赖GPS。

“一个女人是不能生存下去的，只有一个女人，那怎么生活啊！”一个观念被接受，独立生活不再有可能，开始想着怎么找个好男人嫁了。

“世界是不安全的，你需要买个房子，它会挡住很多不安全。”这毁灭了理想，开始努力存钱，存上挣来的每一分钱，理想变成了房子。

人人都需要安全感，但是，如果人在自身之内找不到安全感，就会向自身之外去寻找，开始依赖能给自己带来安全感的东西，自己的自信将完全被摧毁，恐惧开始滋生——因为内心的潜意识知道，自己是无法完全掌控外物的，但那又是自己依赖的东西。这就造就了一个安全感的奴隶：对自己不信任，又不能控制自己所依赖的东西，随时都可能失去。在生活中，经常可以看到这种人——他们或者是职业安全感的奴隶,或者是房子的奴隶,或者是爱的奴隶。

安全感不是来自索取,而是给予

有一个女孩子高挑漂亮,出生在一个富裕的家庭,一辈子不工作也不需要愁。可是她还是有一个很让人羡慕的工作,而且已经小有所成。这样的女孩子,可以完全独立,不需要依赖任何男人,应该是世界上最有安全感的人。

但她不是,而且可以说是最缺少安全感的人中间的一个。她总是谈恋爱,男朋友换了一个又一个,并不是她花心,而是那些都不能让她觉得给了自己安全感。她说:“我只是想找一个人陪。我总是觉得内心缺少安全感,希望找一个能给我安全感的人,他应该能在物质和精神两方面都能够无微不至地照顾我,给我很好的安全感。”

怎么样才可以获得内心的安全感呢?有这样一个故事。

故事的主角是一个洗脚妹,29岁,家住安徽,在厦门一家洗脚城工作。她学历不高,只是高中学历;家境贫寒,有两个弟弟和两个妹妹。她每天工作12小时,收入却只有两三千元。她既没有什么姿色,也没有什么积蓄。

从这些条件来看,她应该是那种最缺少安全感的女人之一了。

就是这个洗脚妹,7年来都在做着一件有意义的事情——资助贫困中小学生,至今已资助了100名。她每个月只给自己留几百块的生活费,其余的钱全部捐给那些孩子了。7年的资助费足以在厦门支付一套小户型的首付了,也可以让她安安心心地过日子。她没日没夜地加班，仅仅是为了多赚一点儿钱。每个月她都会请两天的假去看望自己资助的学生，力所能及地帮助他们解决生活上的困难。不仅如此，她还是一名公益爱心组织的发起人，她建了三个QQ群，和数百位志同道合的爱心人士一起助学。就是这样一个女人，在13岁时因为家里贫困而不得不辍学打工。她没能通过学习来改变命运，但是她深知学习对人生未来的价值。现在，她也是一名学生，正在攻读大专工商管理专业。生活在这个物欲横流、人人自危的社会中，她的心里充满了多么大的安全感！

这个洗脚妹的名字叫刘丽。她是如何开始这段行程的呢？

开始做洗脚妹的时候，刘丽自己都不能接受："我从小到大都是年级第一名，怎么出来工作就是去按别人的臭脚丫子。"第一个月的工资是1800块钱，刘丽把1500元寄给了家里，希望父母亲可以宽慰一些，却遭到了父母亲的痛骂："村里面有人说你和别人睡觉赚钱，是不是真的？"刘丽不敢告诉他们真相，告诉他们也不会懂，只好骗他们说："我在服装厂工作。"洗脚城有好人有坏人，这个年轻的女孩子必须学会每天面对一些突发的恶意，应付着家人的猜测，每月给家人寄去大部分的钱，支持弟弟妹妹的读书。

两年过去了，她的家境慢慢变好，家里盖起了房子，弟弟妹妹也开始上学。但是就在那年春节回家时，刘丽的父母由于女儿的"不光彩"工作，竟然把她赶了出来。这让刘丽彻底崩溃了："在外面受苦受累，不管怎么样，我都可以接受。因为我还有一个家，我家里需要我。可是听到我爸妈这些话的时候，我真的连死的心都有了。"她不光是委屈，更是绝望。刘丽想到了死，她准备好了刀，却一直没有划下去。

当人在外面打拼累了，千里迢迢回到自己认为最安全的地方时，却不被最亲的人接受，将自己赶出了家门，这无异于被一刀刺中心房——那是最痛最脆弱的地方。那一年春节，刘丽经历了有家不能回的痛苦，自己不被理解，唯一可以听她诉说委屈的就是家人，但是她的家人并没有听她诉说，而是不由分说就将她赶出了家门。委屈、无奈和对辍学的痛心一齐涌上心头，堵住了她的胸口，要彻底把她毁灭。家是她唯一的安全感，现在毁灭了，她想到了自杀。不知道是怎样的一转念，刘丽就在那一瞬间做出了选择："我还不能死，我弟弟妹妹还要读书，我要让村里面出两个大学生。"

刘丽选择了重生，开始走上了另外一条道路：拿自己的钱来资助贫困学生读书。从 2001 年开始，她联系了家乡一些穷困的孩子，开始收集衣服，存钱，资助那些贫困孩子。开始只是资助自己村里的，后来也资助厦门附近的贫困孩子，直到今天，从未间断。

后来，刘丽被请到中央电视台录制《小崔说事》节目，崔永元问她："当时你这份爱意是怎么来的？"刘丽给观众讲了下面这个故事。

"四年级的时候，我考试得了年级第一名，老师让我上台去演讲。这是面对整个年级的演讲，那是我一生中感到最骄傲的时刻。奇怪的是，我并不兴奋，而是害怕，因为没有鞋子穿。演讲的时候，我还是穿了鞋子：一只是我姥姥的，另一只是隔壁老奶奶的。两只鞋子的颜色也不同，一只蓝色，一只绿色。虽然两只鞋子不一样，穿起来也很难看，我还是穿着这双鞋上去了。尽管我还是害怕别人看到我穿的那双不一样的鞋子，不管怎样，我还是穿上了鞋子，我站上去了。"

在网站上，搜索"刘丽"，就可以看到这个让人尊敬的女人，素面朝天，显得宁静而幸福。她说："我要赚很多很多的钱，让村里读不起书的孩子都能上学。"

从刘丽的故事里，可以看到我们生命中的安全感是如何获得的。安全感不是从别人那里得到什么，而是来自自己内心深处；那种被需要的感觉，是给予而不是索取。给予世界，自己才有安全感；向世界索取，不能得到安全感，只能取得奴隶的身份。

开始时，刘丽的安全感来自家庭对她的需要，后来这份安全感又因为家庭对她的排挤而失去了。安全感的丢失让她想到了结束生命，就在她准备自杀的那一瞬间，另一个给予的目标在她心中萌生：我要通过自己的努力，让村里出两个大学生。在找到了新目标的那一瞬间，安全感又重新回到了刘丽内心。正是给予，赋予了她力量，让这个普通女人拥有了那种看淡钱财的安全与从容。

那些躲在自己的世界里每天盘算别人、等待别人搭救的人，那些躺在安乐窝里不需要为钱愁却整日里害怕失去而诚惶诚恐的人，那些不会给予而只会索取，通过依赖来获得内心一点安全感的人，你们能够做些什么？

如果你真的是一个没有安全感的人，而且也希望得到安全感，你所要做的就是在自己最恐惧的地方，无条件地去支持一个人或一些人。支持别人，你会感到自己是最有安全感的，只要自己坚持，就永远不会失败。

我们可以从美国"心灵女王"奥普拉在2008年斯坦福的毕业典礼上说的那段话里看到给予的力量：如果你受了伤，你要帮助他人减轻伤痛；如果你感到痛苦，就去帮助他人减轻痛苦；如果你的生活一团糟，就去帮助其他处在困境中的人摆脱困境。

请记住，安全感来自给予别人，而不是向别人索取。

改变自己,比改变环境更重要

一桶新鲜的水,如果放着不用,不久就会变臭;一名优秀的员工,如果不能经常改进自己的工作,很快就会被时代淘汰。

因此,每天走进办公室之前,我们都应该清理一下自己的思路,想一想:今天我应该在哪一方面改进自己的工作?我还需要学习什么知识?我哪方面可以变得更好?如果能很快找到这一系列问题的答案,你就可以从容面对崭新的一天了。

周强大学毕业后在一家大公司打工,虽然公司里人才济济,他只不过是个毫不起眼的小职员,但他一直在为自己的未来做着储备。他准备着,不断学习,并着手改进自己的工作,使之更有效率。

当大家按部就班地工作时,他却发明了自己的方式,更有效率地完成每一项任务。不久,他就因成绩突出而崭露头角,得到了上司的肯定,并被迅速提拔。但周强并不因此满足,他变得更加努力。随着新的创意不断浮现,他在不断地建立自信,也在创造着新的工作方式。事实上,他是把工作当作一个项目来经营,并以实际行动向大家表明:我热爱我的工作,我会做得更好,我会创造更好的成绩!

周强有着良好的工作心态,因此他能够不断改进自己的工作。而我们周围很多人,总是抱着得过且过的心态来对待自己的工作,他们从未想过自己的工作还能更有效率。他们常常被工作弄得焦头烂额,却始终不明白问题究竟出在哪里。

其实，如果你的工作状态不能尽如人意，或者你被繁忙的工作搞得手忙脚乱，这就说明你的工作方式需要改进了。作为公司的一名职员，只有不断地从学习中吸收新思想，不断地提升自己的思考能力，才能在工作中获得不断改进的方法。

也只有善于自我改进、自我超越的人，才会警觉到自己的无知及能力的不足，才能不断地发展自我、完善自我，向成功的目标迈进。

下面有八项要点，告诉大家如何改进你的工作。

（1）注意劳逸结合。否则一味苦干，迟早将因不堪重负而累倒。尽量去除紧张情绪，莫钻牛角尖，对于无法解决的事情不妨暂时搁置一旁。

（2）热爱你的工作。如果从心底厌恶自己的工作，做起事来必将事倍功半，难以顺利成功，所以必须热爱你的工作，愉快的心情可以极大地提高工作效率。

（3）制订完整的工作计划。在每一个阶段开始之前，务必制订完整的工作计划，并循序完成每一个步骤。

（4）切忌急躁。做事须冷静地一步步完成，一旦想要在短时间内完成过重的工作，整个心境将无法安定下来。如此则不但乱了手脚，甚至导致错误百出。

（5）保持良好的工作态度。如果一开始就抱着得过且过或多一事不如少一事的工作态度，那么任何工作做起来都寸步难行。

（6）掌握必要的知识和技巧。所谓“知识就是力量”，有了正确的知识与技巧，则任何事均可轻易完成。

（7）学会调整情绪。面临工作的挑战，放松心情，不要勉强自己在恶劣的情绪下做事。

（8）今日事今日毕。今天的事情一旦耽搁到明天，势必越积越多，最终难以继续完成。

“今天，我应该在哪里改进自己的工作？”如果你能在工作中把这句话当作自己的格言，它就会产生巨大的作用。如果你随时随地地要求自己不断改变、不断进步，你的工作能力就会达到一般人难以企及的高度。

总之，没有一个公司喜欢墨守成规、不思进取的员工。改进自己的工作方法、改变自己的工作思路、积极提高工作效率是每个员工必须努力去做的事。因此，你必须具有主动改变、主动创新、主动进取的意识和能力。

如果不断改进成为一种习惯，你将会受益无穷。一名不断改进的职员，他的魄力、能力、工作态度、负责精神都将会为他带来巨大的收益。

主动关心别人的需求

工作中，人应该适应环境，而不是要环境改变了来适应自己。人若不懂得在团队中主动地贡献，而是让团队为了他费心协调，就算他能力再好，也终会变成团队进步的阻力。

我有位朋友是电脑工程师，个人能力很强，这也是他被招聘进去的原因。可是，在公司人事缩减时他却被裁掉了。他有些摸不着头脑，也很伤心。

“我又没有犯什么过错，”他抱怨着，“经理为什么选择把我裁掉？”

“大概是你哪里做得不够好。”同事A说，“还记得上次经理要你支援那个部门使用电脑的事情吗？经理来找你的时候，你当时却不是在做事，而是在玩，也许就是因为这个。”

“什么我没做事？那时大家恰好都没有事情做，我才上一下网的，这样为什么不行？我不是照样在一旁待命，有人要求做什么，我不也是马上就去了？”朋友反驳道。

“就是啊！”同事B附和着说，“经理留下来的另一个工程师，有一天帮另一个部门的人修电脑，电脑不但没修好，而且是修到彻底报废，经理反倒没裁他，裁的竟然是你，真搞不明白，也有些说不过去。”

“你是不是得罪过人，也许是别人背后打你小报告？”同事A猜测道。

“会不会是那一次，”同事B说，“那个无理的工厂厂长不会用电脑还自作聪明，后来把电脑弄坏了，却将责任推到你身上。”

“不会，那次经理还替我说了话呢，他是站在我这边的，当时谁都明白那是厂长的错。”

就这样，他们徒劳无功地讨论了一个多小时，终于，同事A说了一句：“哎，不服气你就去问经理。”

“可是，”朋友犹豫了起来，“这样好吗？没看人这样做过……”

“我也觉得没有必要去自取其辱。”同事B附和着说，“裁员还会有什么理由？何必挑明，这只会让自己更尴尬？”

“假如这次真有错，询问后就知道了，下次可以做得更好，不是吗?”同事A说。

朋友回家后,同事A的一席话让他思考了很久,终于决定找经理谈一谈。

“我只是想了解一下这次裁员的原因。我知道这次为了精简公司编制,总得有人被裁掉,但我很难把裁员的原因和我的表现联想在一起。”

朋友将在心里排练了好久的话一口气全讲了出来:“假如是我自己的问题,您可以告诉我,我希望有改进的机会。我并不是要赖在这个岗位不走,只是不想下次又被糊里糊涂地裁掉,自己仍然不知道原因。”

经理听完他的话,不但没有觉得他的行为令人讨厌,而且竟露出赞许的目光:“要是你在这之前就这么主动的话,今天裁的人肯定不会是你。”

这回换朋友愣住了,不知所措地看着经理。

“你的能力很强,在所有工程师里,你的专业水平是数一数二的,也没犯过什么重大过失,唯一的缺点就是自我意识太重。一个团队不能保证每个人的水平都相同,团队能保证的只有合作。中国有句话:‘三个臭皮匠,顶个诸葛亮。’优秀的团队是合作产生的。假如团队中某个人不懂得主动奉献,不懂得改变自己来适应团队,而是要团队来适应他,就算那个人能力再好,也会变成团队的阻力。”

经理反问道:“假如你是我,你会怎么办?”

“但是我并不是难以沟通的人啊!”朋友辩解。

“是,没错。在这方面,你将自己和同事相比,以10分为满分,你会给自己几分?”经理问。

“我想我明白了。”朋友说。原来自己不是没有能力，而是太看重自己的能力，忽略了团队的合作。

“你有专业能力作为基础，假如你积极热心，懂得借着合作来利用团队的优势，你的贡献和成就会更大。”

朋友虚心接受了经理的建议，他非常庆幸自己没有躲在角落里自怨自艾，庆幸自己没去主观地猜测自己被辞掉的原因，也庆幸自己虚心地请教，清楚了自己的不足。

不仅如此，经理很高兴看到他如此诚恳的一面，就亲自打电话介绍他进入了另一个公司，而且比原来的工作更好。

我们经常忘了人与人之间最宝贵的资源就是合作关系——生活的框框告诉我们要保护自己，多做可能多错，热心多会受伤，于是我们宁可自扫门前雪，被动一些，甚至对别人漠不关心。

一个人可以智慧绝顶，能力过人，但是，若不懂得积极热心地培养和谐的合作关系，不论能力有多大，只能事倍功半。

不积极热心的人在团体中只会做好被吩咐的工作，愿意付出的人就算能力有限，却能带动团体，集合所有人的能力，使工作加倍顺利。

假如朋友没有去请教经理自己被裁掉的原因，而是躲起来自怨自艾，就不可能通过经理的帮助看到自己的缺点。

庆幸的是，他学会了合作的第一要件：主动关心别人的需求。

当别人感到被关心时也会付出相应的善意，分享自己的资源。

正如朋友的经理愿意介绍我这个朋友到另一个更好的公司，这也是合作的益处之一。

维持良好的合作关系，能助你事半功倍。

坚持你的快乐

走自己的路，总会遇到别人的不理解。有时候，人们会因为你在做的事儿嘲笑你。

别管他们，走自己的路，你终会用结果去证明他们的嘲笑其实是在证明自己的短视，没有远见。

假如你找到了自己喜欢的事情，就不要顾及外界舆论。

只要你所做的事是你真心想做的，而且通过自己的努力做成了，你会感觉到：此生无憾了。

不要试图去让每个人都理解你，误解是在所难免的，只是因为非正常才会被误解，也只有非正常才能创造非一般的成就。

约翰·霍纳（John R. Horner）博士在学校读书的时候，曾经因为成绩差而出名。当时，人们对“阅读障碍”这个名词还没有什么概念，老师们都以为他是故意偷懒或智力有问题。

霍纳从小就对古生物学感兴趣，虽然在学校里他的成绩都奇差无比，但是，只要有时间，他就会到藏书楼里研读古生物学的相关书籍。由于阅读障碍，他对文字的记忆能力几乎是零，所以从小学到中学，他的各科成绩都是不及格的。

而成绩不及格并不是让他最难过的，他最难过的事情是被大学开除，而开除他的原因仍然是考试成绩不及格。虽然被学校开除，但是他没有放弃学习，继续在学校选修课程，这科不及格就换另一科，直到他把全校所有大学部和研究所的课都修完了，当然，这些课程也都没有及格。花了整整7年，他什么学位也没拿到。

无奈之下，他写求职信给所有古生物博物馆，终于在普林斯顿的一个博物馆找到了工作，同时担任普林斯顿大学古生物部分的恐龙化石治理员。

他借着在为普林斯顿大学服务的机会，凭着自己的爱好和古生物方面积累的丰富知识，终于在古生物研究中取得了成就，成了古生物界的权威专家，甚至被礼聘到蒙大拿州立大学任教。

后来，踢他出门的大学决定颁给他荣誉博士的头衔，而且颁发证书的人，正是当年亲自将他踢出校门的教授。

霍纳博士后来还被著名导演史蒂芬·斯皮尔伯格邀请，担任电影《侏罗纪公园》的顾问。在他的指导下，远古的恐龙在电影中复活了。

他曾说："我和别人不一样——我的思维方式与一般人不同，因此我也能提出不同的问题，从不同的角度看到别人无法看到的东西。"

凭借自信和对古生物学的坚持，他让自己的缺陷变成了优势。

事物本身没有好与坏，而是利用它的人给了它好坏的界定。处于同一个困境，有人认为这是最终的结果，有人却认为这是新的起点，结果的好坏往往在于个人如何去看待它。

有个人整日里愁眉不展，他极有才华，观察能力很强，但他老是不断地抱怨自己命运不好，朋友如何存心陷害他。

他工作经验很少，曾有一两次成为公司的招牌员工，却又会突然辞职，而且辞职的理由也说不出个所以然来。

原来，他是个很怕受伤害的人。

他误以为每个人都瞧不起他、对他很坏。他主观地猜测着身边的每个人，做出的每个举动，说的每句话，他都会揣摩其中对他的言外之意，设定身边的每个人都会伤害他，然后努力找各种理由来证明他的设定是多么的正确，多么的合情合理，多么的明智。

他也希望别人能尊重他、喜欢他，但是又不能确定别人是不是会尊重他、喜欢他，而自卑的心理总是给他一个负面的答案：没人会喜欢我，没人愿意和我交朋友，我宁愿什么事都不做也不愿意看到那些虚伪的人。就这样，在遇到机会时，他所看到的只是随之而来需要付出的冒险与代价，因为他觉得他的付出换不来别人的尊重。

很多时候人们选择停留在某处，并非由于那是他们的最佳表现，而是由于那是他们觉得最不费力又安全的所在。

更多人选择尝试，但是，当遇到难题时就不再前进：他们将许多遗憾归咎于不可抗力——可能觉得自己不够智慧，有什么重大缺陷，长得不够好看，钱赚得不够多，父母不够成功，老师太严厉，朋友没有一个真诚，等等。

问题是，无论在什么情况下，总会有成功的人和成功的事，总会有奇迹出现，去挑战人类对自身的认识。

我不敢说“每个人都有能力克服自己的难题”，因为我没有资格为比我历经更多考验的人说这样的大话，但我确实深信人们有追求幸福的能力。

那能力，在每个人的思维里。

“有时候，人们会因为你在做的事而嘲笑你，别管他们，假如那是你喜欢做的事，去做吧……”霍纳博士的这段话非常值得我们深思。

“只要你所做的事令你衷心喜爱，人生就无憾了。”

幸福的感觉，来自知道自己在全心全意追求想要的目标与理想——知道你所做的事是你衷心喜爱的，做自由自在的自己。

Chapter 2 应对外界变化，你要变得强大

世界上没有永恒不变的事物，唯一不变的就是变化。市场在变，观念在变，我们也要随行就市，跟着变，以变应变才是适应之道。否则，如果不懂得求新求变，你只能被这个社会无情地淘汰掉，成为与新环境格格不入的老古董。

职业规划越早越好

有位朋友工作多年之后开始考虑转行，原因说起来很无奈："刚毕业找工作的时候就没想好，无头苍蝇似的找到一份工作，根本就没什么规划，结果就这么一天天混下来了。这么多年来一直浑浑噩噩，中间也跳过几次槽，可跳来跳去也没什么长进。"这位朋友已经三十出头，人生最美好的几年就这么虚度了。而今，干这一份鸡肋一般的工作，食之无味，弃之可惜，真的不知道该何去何从了。

人的一生其实很短暂，不过几十年而已。而在这几十年里，真正用来奋斗的时间更是少得可怜。可以说，二十几岁到三十几岁，绝对

是奋斗的黄金时期。一旦错过了这十年，便很容易碌碌无为，进而潦倒终生。如果在我们年轻的时候，能够多读几本好书，或者由有一定阅历的良师益友引路，那么我们就会早点明白其中的道理，也会少走很多弯路。

然而，这样的幸运儿实在是太少了，而且别人的经验和建议，我们往往听不进去，对于职业规划之类的东西，也根本不屑一顾。于是，很多人最大的痛苦，就是在年轻时不知道自己适合做什么，该干什么。等到了三十多岁时，不满于现状之余又不得不沉沦于现实的人比比皆是。更郁闷的就是放眼一望，这个地球上所谓成功人士太多了，却偏偏没有自己的一席之地。不妨来看看下面这个例子：

姜明和周海同一天入职一家跨国企业，分别担任不同分公司的经理。姜明在好几家不同行业、不同类型的公司工作过，所有与他共事过的人，对他的评价是聪明、有潜力、有创意，但是不够成熟。他希望通过打工学习经验，如果有可能的话，最终自己创业做老板，做出一番不凡的事业。周海之前在两个外企工作过，平均每个企业工作四年。相比姜明，他显得才智平凡，凡事中规中矩。对于未来，他清楚地知道自己不具备独立创业的素质和能力，认定职业经理人才是最合适的路，有着清晰地职业目标和规划。

两个人的职位相同，工作内容相同，工作业绩也相差不大，但两个人的表现方式却大相径庭。姜明本着学习经验为创业做准备的心态，仅仅关注工作的质量和个人的成长，对于大企业常有的一切规范和礼仪，都抱着无所谓的态度。他常想，反正将来我是要自己创业的，这些俗套没什么用。但有时他也觉得这家公司还不错，长期做下去也可以。无所谓的态度和聪明、创意相结合，使他很快成为企业上下公认的“怪才”。周海则每时每刻都注意言行，只要有同事在场，无论什么场合，说话都是开会讨论总结发言的风格。虽然在姜明的眼里，周海是一个有点虚伪的人，但他的成熟得体，也为公司上下所认同。

几年过去了，周海被提拔成区域经理，成为姜明的直接上司。姜明对这次提拔有点不满，因为无论从工作的哪个角度，他认为自己做得都不比周海差，甚至很多方面自己的能力和业绩还更好。但长久以来，老板们好像只看见周海的成绩，对姜明的一切都视若不见。当然姜明很快就自我放松了，反正自己最终是要创业的，而周海是要做职业经理人的，各有所求，无所谓。但当姜明再认真思考时，才发觉自己离创业的目标依然很远。因为他只是想创业，却没有真正为创业做过多少准备。再看看现在这份工作各方面都不错，创业的冲动似乎也不是那么强烈了。姜明开始困惑了，以后的路，自己到底应该如何走下去。

在这个例子中，姜明之所以蹉跎岁月、无所成就，原因就在于对于自己的职业规划不明确。既想创业又觉得工作更安稳，身在其职却对工作抱着无所谓的态度，这样模棱两可的态度使他根本找不到自己的道路，也就无法在事业上获得成功。

像姜明这样的人我们身边还有很多，我们一定要引以为戒。当我们在二十几岁的时候，一定要提前树立好自己的人生目标，而且要越早越好。任何的犹豫、彷徨，都会让你深陷泥潭。手里干着一件事，心里却想着别的打算，怎么能干得好呢？

职业规划，直接关系到我们的人生目标，丝毫含糊不得。这里所说的人生目标，一定要符合现实，绝对不是那种不切实际的远大理想。比如想成为一位名留千古的伟大人物之类的，这基本上是不可能实现的。因为想成为一个“伟大人物”，我们十五岁的时候就感觉有些晚了，或者身世不够传奇，或者已经隐隐感到将成平凡的前兆。曾经是父母寄予厚望的婴儿、意气风发的少年，等到大学毕业，开始工作，大多数人不过泯然众人矣。哪怕长得不错，学历、综合素质都十分过得去，所谓的伟大理想，在现实中好像也没有什么出路。二十五岁已经觉得老；三十岁时觉得一切都快过去，只盼望如果能年轻十岁，那么将可以如何如何。所以三十岁前，你一定要干净彻底地消灭自己做伟大人物的念头。这种梦想至少有两个危害：一是让你总是对自己失望；二是让你总不能心甘情愿地生活于当下。

所谓人生目标，说简单一点就是：这辈子你想做什么样的人？你死了希望别人怎么评价你？你想赚多少钱？你想用多少时间赚到这些钱？花时间把这些想清楚，再倒推到现实，你每天该做多少工作？做到了你就可以安心休息。因为你不用再跟别人比了，只要你每天的工作做好做到，到时间你的目标就实现，有什么可心慌的？

我们的职业生涯规划，应该像一份完整的商业计划书一样切实可行，有目标、有计划、有方案、有步骤。首先，要搞清楚你自己的终极目标，再去设计你的路，否则规划只是空话，再过几年又会感慨计划没有变化快了。而很多抱着创业的想法，以学习心态去打工的人，往往会去读 MBA、学英语、进外企等等，这些当然没有什么不好，但对于创业是必要条件吗？而一些想做职业经理人乃至 CEO 的人，则站在这山望那山高，总羡慕有同事比自己职位高薪水高，于是永远都不满于现状，只要有好一点的职位便想跳槽。但事实上，没有规划、与终极目标关联度不高的跳槽和转行，其实是走更多的弯路。

在做职业规划之前，我们先要弄清自己的优势所在，问问自己：天生我才到底有何用？这点搞不清楚，就永远谈不上职业规划。因为如果不知道自己的目标何在，永远也不会真正满足；跟他人的状况对比，也很难获得真正的满足与自信。

职业生涯规划这个东西，是没有人可能帮你规划好的，只需自己问自己：我喜欢什么？我想做什么？我想成为何样的人？我想得到什么？想得越较真越具体越好。这些问题必须自己亲自去想、去解决，任何人也包办不了。我们不仅要问自己的内心，而且要常常在生活和工作中考察自己。比如：上学时你对什么科目最有兴趣？什么科目学得最好？工作时你做什么最有劲头？工作中的哪一方面你最随心所欲？生活中你有什么兴趣爱好？这种爱好体现了你什么天赋或个性呢？不要忽视任何类似的细节。

最了解你的人，始终是你自己。按照自己的本心行事，去做自己最感兴趣的事业，无论你从事什么行业、什么工作，都将无往而不利。

人一定要按自己的天赋去设计自己的路，适合自己的才是最好的；否则见异思迁，看到有的工作赚钱多就去追求，多半一事无成，因为这样的工作不一定适合你，你也未必就能干好。职业生涯规划的目标，不是要你变成另外一个人，而是变成最好的你。比要赚多少钱更重要的，是要做什么样的人。凡是真正有大成果的人，不管他起始阶段是什么原因，抱着什么目标，最重要的原因是他有了一种决定信念——成为某种人，承担某种工作。这种信念支撑他一路过关斩将，这种信念使他可能忍耐一切利害得失。

想想看，有什么事是你不赚钱甚至倒贴钱也喜欢做的？这个问题的意思，就是你想做什么的人，你认为上天赋予你什么样的工作？这也是为何那些世界著名的企业，都有它们的企业哲学、企业文化，甚至会主动帮助员工规划他们的职业生涯。有些人总认为那些都是哄人的，是为了收揽人心，其实并不是。在人生，在职场，风云变幻，起起伏伏中，我们很容易迷失自己。只有那些有着成熟的价值观、明显目标与坚定信念的人，才能够保持一贯的优秀心态，才能找到属于自己的道路。

既然不能活五百年，那就过好这一年

一位雄才伟略的皇帝，打造了铁桶江山，创建了无数丰功伟绩。在临死的时候，他想到还有很多事情没做完，忍不住仰天长叹："我真的还想再活五百年！"这位皇帝，是康熙大帝。

一位德高望重的丞相，有着经天纬地的才干，一生呕心沥血，希望建立盖世功勋，然而出师未捷身先死。在病累而倒的时候，他仍然希望上苍能借给他几年光阴，让他好完成未竟的事业。这位丞相，就是诸葛亮。

上天是公平的，给每个人的时间是固定的，不会因为一个人的地位、才华而多给他几分几秒。很多人争分夺秒，每一分钟都活得很充实；有的人却糊涂度日，不知今夕何夕。尤其是对于年轻人来说，似乎总有大把的时间可以挥霍。有多少人把珍贵的时光花在了无所事事和吃喝玩乐上，而到了最后，却又不得不追悔莫及。

有一天，时间管理专家为一群商学院学生讲课。他现场做了演示，给学生们留下一生难以磨灭的印象。站在那些高智商高学历的学生前面，他说："我们来个小测验。"他拿出一个一加仑的广口瓶放在他面前的桌上，随后取出一堆拳头大小的石块，将它们一块块仔细地放进玻璃瓶里。直到石块高出瓶口，再也放不下了，他问道："瓶子满了吗？"所有学生应道："满了。"时间管理专家反问："真的？"他伸手从桌下拿出一桶砾石，倒了一些进去，并敲击玻璃瓶壁使砾石填满下面石块间的间隙。"现在瓶子满了吗？"他第二次问道。但这一次学生有些明白了。"可能还没有。"一个学生应道。"很好！"专家说。他伸手从桌下拿出一桶沙子，开始慢慢倒进玻璃瓶，沙子填满了石块和砾石的所有间隙。他又一次问学生："瓶子满了吗？""没满！"学生们大声说。他再一次说："很好。"然后他拿过一壶水倒进玻璃瓶直到水面与瓶口齐平。专家抬头看着学生，问道："这个例子说明什么？"一个心急的学生举手发言："它告诉我们：无论你的时间表多么紧凑，只要你确实努力，你都可以做更多的事！"

大多数人都是这样回答的。但是，时间管理专家却否定了该学生的答案，时间管理专家说："那不是它真正的意思。这个例子告诉我们：我们真正可以支配的时间很有限，因为我们的大部分生命都被石头占据了。而这些石头，恰恰是被我们浪费掉的时间。"

少小不努力，老大徒伤悲。苦口婆心的一句话，又有几个人能真正懂得？努力奋斗的人给他五百年都嫌短暂，不思进取的人一年都觉得漫长。

其实想想看，你能活五百年吗？你是那种可以无限地活下去的人吗？当然不能，因为你是个凡人，你的生命不是无限的。既然不能，为什么不好好利用这有限的几十年光阴呢？至少我们的人生可以活得很精彩、很有意义。

过去的已成云烟，我们所拥有的只是现在，只是我们的今天。要想在事业上取得成功，就要充分抓紧生命当中每一段宝贵时光，将每一天当作最后一天去对待。

问一下自己："如果我只有一年可活，而且每个星期得工作四十小时、'消遣'四十小时，那么我会怎样支配这些时间呢？我会还像现在这样过日子吗？"如果还会这样过日子，那么就请你醒醒吧！你是个凡人，亲爱的朋友，时钟嘀嗒嘀嗒走个不停，你的时间是有限的，不要再浑浑噩噩了，珍惜当下每一天。

当然，珍惜时间，不是口头上说说那么简单，我们还要落实在行动上。具体来说，就是要对自己的工作和生活进行时间管理。而所谓的时间管理，就是利用一定的技巧和工具帮助我们完成工作，实现目标。学会管理时间，可以帮助我们更有效地运用时间，有效提高我们的工作效率，还能让我们更快地实现人生目标。

时间管理的三个原则是：

1. 每天制定明确的目标，并且排好顺序

每一天，我们都会有不同的目标，这些目标会让我们手忙脚乱。为了让我们的时间得到充分、有效的运用，我们首先要梳理好这些目标。开始一天的生活之前，先要设定一个首要的目标，对多数人来说,做好当天的工作就是我们的首要目标。然后,根据其他目标的重要程度进行排序,一件一件去完成这些目标。

当然,对于最重要的首要工作,一定要集中精力首先完成。

2. 不要过分追求完美

不要想着把每一件事都做得完美无缺，过分追求完美的人,往往会浪费很多不必要的时间。在我们的目的达到的时候,适当放手不是一件坏事。

3. 为每个目标规定完成的时间

根据自己的能力,为每个目标规定完成的时间。在规定的时间内,要想办法去完成它,否则就会打乱你的生活节奏。比如,我们可以在每天早上上班前,或者晚上睡觉前,拿出很少的时间,为每天的工作制定时间表,这样你会更快地完成工作。

我时常听到有人说:“我的工作还没完成，不过我还有时间,慢慢做就是了。”我自己就想:你是在哄自己吧?你准是那种能够活五百年的人!

“还有时间”并不是充足的理由。假定你本来可以在三个小时之内完成的事情,你拖了一天的时间还没做完,那么第二天你还会浪费更多的时间。拖延是个很糟糕的毛病,它虽然不足以马上致命,但却是对你的生命的慢性谋杀。

别再不思进取,从现在开始加油吧

“好怀念曾经的大学生活啊,无忧无虑,快活自在。”

“真希望回到过去,可惜人生不能重来。”

行走在人群中，总是能听到一阵阵黯然伤神的叹息，一声声无可奈何的感伤。很多人缅怀着过去，独自忧愁，但他们却偏偏忘记了：明日黄花，即使曾经再绚烂，也是过去的事了，我们没有必要为了它的凋谢而忧伤。我们的希望在于未来，别为昨日忧伤，要为未来加油，生活中还有很多美好的事情等着我们去做、去创造。

很多时候，这种"为了昨日忧伤"的毛病并不是什么外来因素造成的，而恰恰是因为你的内心。其实，我们加油的勇气，我们的动力，归根到底还是一种内在的力量。如果你从心底里不思进取了，即使外部的条件再怎么优越，你仍然会陷入不加油的困境。

在职场中就有这样一类人，他们本来有不赖的职位，也取得了一定的成绩，但当他们攀升到一定的高度时，就停滞不前，躺在已经取得的成就上睡起了大觉，满足于现状，不思进取，令人十分惋惜！当他们的事业开始走向低谷的时候，这些人还浑然不觉。直到有一天，他们发现自己已经被人远远抛在了身后，于是又开始忧伤起来，根本没有奋起直追的勇气和想法。这种行动上的迟缓、思想上的愚钝和道德上的玩忽职守，导致大量的工作岗位有名无实、大量的工作资源被无谓地浪费掉。

这种满足现状、不思进取的状况，实在是一种可怕的不加油状态。

为什么说这种状态可怕呢？因为当一个人已经深陷泥潭，却仍然感觉不到危机，这难道不可怕？就像鲁迅先生所描绘的那间黑屋子一般，明明大难临头，很多人却在里面呼呼大睡，毫无知觉。因为他们只满足于暂时的舒适，而无视未来的危机。

这样的生活，如同温水煮青蛙，最终会走向失败。

总是有这么一些人，不思进取、小富即安，只满足于一时一地的安逸生活，没有丝毫的危机意识。在我们的周围，这样的人随处可见：只有在形势所迫时才去工作，对于自己身上的潜力无动于衷，遇到事情总是敷衍塞责，宁愿待在原地也不肯花点心思向上攀登。

这些人私下里认为自己很聪明，"知足常乐"是他们常挂在嘴边的借口。他们满足于混日子，敷衍了事，浑水摸鱼，过一天算一天，日复一日年复一年浪费自己宝贵的青春、生命、大好前程。他们为吃饭而吃饭，为劳动而劳动，为工作而工作，为报酬而报酬。他们从一个地方到一个地方，事情做完一件又一件，好像做了很多事，但没有一件事情做得让人无可挑剔、拍案叫绝，浑浑噩噩、得过且过，直到退休仍然一事无成。

这两种工作态度当然都不可取，但我们的周围，出现最多的恰恰正是这样两种人。最可怕的是，这种工作态度是可以传染的。他们的消极情绪会像病毒一样传播到空气中，进而影响到整个团队的工作积极性。

一旦我们的思想中出现了这种情绪，就不得不提高警惕了。

有一位哲学家到一个建筑工地，他分别问三个正在砌砖的工人说："你们在干什么？"

第一个工人头也不抬地说："我在砌砖。"

第二个工人抬了抬头说："我正在赚工资。"

第三个工人热情洋溢，满怀憧憬地说："我在建一座美丽的剧院！"

听完回答，哲学家马上就判断出这三个人的未来：第一个人心中眼中只有砖，他是为了工作而工作，可以肯定，他一辈子能把砖砌好，就很不错了；第二个人眼中只有工资，他是为了赚钱而工作，好好干或许能当一位优秀的工匠或技术员；唯有第三位，必有大出息，因为他有目标，他的心中有一座殿堂，想追求更大的成就。

果不其然，后来，前两个工人做了一辈子普普通通的砌砖工人，而第三个却成了一名颇具实力的建筑师，承建了许多美丽的剧院。

作为职场中的一员，我们不能只为工作而工作，那样只会让我们在日复一日的劳动中消耗掉自己的激情，进而变得庸庸碌碌。

青春如此美好，我们的未来有着无限种的可能，为什么要把自己的生命局限在一个狭小的格局上呢？我们不妨把目光放长远些，格局放大一点，给自己一点野心。人吃饭是为了活着，但活着可不是仅仅为了吃饭。一个没有像样点的追求，每天混吃等死的人和行尸走肉又有什么区别呢？理想，任何时候都不应该轻言放弃。

明白了这个道理，再回过头来重新审视我们的工作。工作就不再成为一种负担，即使是最平凡的工作也会变得意义非凡。在各种各样的工作中，当我们发现那些需要做的事情——哪怕并不是分内的事的时候，也就意味着我们发现了超越他人的机会。因为在积极主动的工作背后，需要你付出的是比别人多得多的智慧、热情、责任、想象和创造力。而这，就是一名理想远大者和那些得过且过的人最根本的区别所在。

你的工作并没有上保险

从前，优秀的厨师靠着自己的一道招牌菜，走到哪都会受到礼遇。这就是一招鲜吃遍天下的道理。同理，人在职场，必须有自己的独特之处，如此才不会被别人替代。

于是，聪明的员工，会不断对自己的工作进行创新，这样才能让自己有所作为，不会被激烈竞争所淘汰。但往往还会有这样一些人：他们靠着自己的一技之长，在职场中拥有很体面的工作，薪金待遇也不错，对自己目前的状况也很满意，认为没有什么可以令自己烦恼，只要像现在这样一直生活下去就行了。

然而，时至今日，一招鲜还能吃遍天下吗？

他们没有意识到：在这个职场中，是没有人会为他们的工作上保险的。他们也没有意识到：在公司缩减规模、大幅裁员的时候，自己在激烈的职场竞争中处于劣势的时候，自己的能力已经跟不上公司发展的时候，自己如何保障收入来源，如何确认自己在下星期、下个月甚至下一年都有稳定的生活来源。

这里有一个关于水桶和管道的故事：

很久以前，意大利中部的一个小山村里有两个年轻人分别叫拜泊罗和布卢诺。他们是最要好的朋友，都梦想自己能成为一个富有的人。

一天，村里决定雇用两个人把附近河里的水运到村广场的水缸里去。这份工作交给了拜泊罗和布卢诺。两个人都抓起水桶奔向河边。

一天结束后，他们把镇上的水缸都装满了。村里的长辈按每桶一分钱的标准付钱给他们。"我们的梦想实现了！"布卢诺高声地叫着，"我简直无法相信我们的好运气。"但拜治罗却不是非常兴奋。他的背又酸又痛，提那重重的大桶的手也起了泡。他想，如果有一天我生病了，或是提不动水桶了，我该靠什么挣钱呢？

"布卢诺，我有一个计划。"第二天早上，当他们抓起水桶往河边奔时，拜治罗说，"一天才挣几分钱的报酬，还要这样来回提水，恐怕不是长久的差事，干脆我们修一条管道将水从河里引到村里吧。"布卢诺愣住了，他说："拜治罗，我不知道你的脑子里在想些什么。我们有一份不错的工作：我一天可以提一百桶水，一分钱一桶，一天就是一元钱！一个星期以后，我就可以买双新鞋；一个月以后，我就可以买一头母牛；六个月以后，我就可以盖一间属于我自己的新房子。我们有全镇最好的工作。我们一周只需工作五天，每年两周的带薪假期。我们这辈子可以好好地享受生活了！赶快放弃你的管道吧！"拜治罗没受朋友的话影响，他将白天的一部分时间用来提水，而另一部分时间以及周末用来建造管道。

日子一天天过去，拜治罗的管道终于完工了，现在村子里有源源不断的水供应了。他吃饭时，水在流入；他睡觉时，水在流入；当他周末去游玩时，水在流入……流入村子的水越多，流入拜治罗口袋里的钱也就越多。而布卢诺呢？可以想象得到，他因为管道的完工而失去了原来他认为很好的工作，没有了经济来源。

这个故事告诉我们，在现实生活中，永远都不要以为自己的工作已经上了保险。所谓"有保障的工作"或"完美的工作"的概念只是一种幻觉。

还有一个现实生活中的例子：

海曼是一位医术高明的牙医，她每周只工作三天，而每年的收入是10万美元。她对自己的这份工作十分满意，认为就这样没什么不好的。

但是，令人遗憾的是，在40岁的时候，她的手因患了关节炎而无法再从事医生的工作了。最后她只能到一所中学教书，收入也由原来的每年10万美元减到了每年3万美元。虽然她没有做错任何事情，但相对理想的工作消失了。

大家可以看出来，其实海曼犯了和布卢诺相同的错误，都认为自己目前的工作已经很不错了，没有必要再浪费时间去学习一些新的技能和谋生手段了，更没有必要去尝试一些自己没有做过的事情了。但是结果呢？他们都失去了自认为有保障的工作。

这就告诉我们，无论你所从事的工作的条件是多么优越，待遇是多么丰厚，保险公司都不会给你的工作上保险。你要意识到自己时刻处在一个不安全的充满危机的环境中。

只有这样，你才不会为自己懒于改进工作而寻找各种冠冕堂皇的理由，发现自己在很多方面还需要继续改进和提高。

你的危机意识会让你比别人领先一步，比别人先做好应对危机的准备。这样，当危机真的来临时，对你的冲击也是最小的，很容易就可以化解，而不至于一败涂地。你的预想，本身就为自己取得成功多铺了几条路，预防危机的最好方法就是时刻保持高度的警惕。

永远不要自我满足

在工作中，我们常常陷入故步自封的牢笼，每天不思进取、得过且过。也许我们还有追求，但是由于各种各样的原因，过去的雄心壮志被浇灭了。这时候，我们只有尽快从这种状态中走出来，重新获得自驱力，才能获得更加广阔的天地。

否则，没有自驱力的员工最终会在这场为生命进行的“奔跑”中遭到淘汰。羚羊不去奔跑，它会被猎豹吃掉；猎豹不去奔跑，它们会饿死。难以实现自我驱动的员工，不会为自己的工作注入热情和力量，不会对企业、对工作保持高度的忠诚和热爱，最终这些没有自驱力的员工也会被更优秀的员工所取代。

朋友蒋在一家国有企业工作，混了10年，终于爬到了销售经理的位置。

这个职位炙手可热，当然，蒋为此付出了很多。这家工厂生产的产品是生活用品，注定了蒋在这家工厂中举足轻重的地位。

我知道，蒋以前接到总经理的电话，会马上起身赶往公司。而现在，他可以一边和我们聊天，一边和总经理聊天：“老总啊，我现在很忙，正在和客户谈话呢。”

我们可以看到，蒋已经把自己关在了故步自封的牢笼里了。他的自驱力完全丧失，所以他以后的遭遇也就可想而知了。

企业改制的时候，蒋本来有望再进步一次，升为主管销售的副总经理的。不知哪个关节出了问题，蒋仍然当他的销售经理，而一个车间主任“一步登天”，成了他的顶头上司。

他的愤懑是可以想象的。到处放出话来，自己不干了。最后董事长找他谈话，让他安心工作，董事会会考虑他的。但时间过去多日，董事会没有带来任何好消息，他原有的许多权益反而被取消了。

一怒之下，蒋辞职了。在这之前，他告诉过我，公司会挽留的，因为他们再也找不到一个合适的销售经理了。但现实却是，蒋在提出辞职的时候，董事长并没有多大惊讶，只是要他仔细考虑一下。蒋说已经考虑好了，董事长说下午给他答复。过了三个小时，董事长打电话给蒋，说：“请办好离职手续。”

蒋就这样离开了。他想看公司产品销售不出去的笑话，但事实又一次彻底回击了他：公司产品仍然源源不断地发往外地，他的离去没有给公司造成任何影响。他企图拉拢他的那些商人朋友，却没有一个人理睬他。因为他们是商人，他们只以利益作为自己的终极目标。

蒋最终没能走出故步自封的牢笼，所以，他虽然爬到了很高的位置，还是落得一个失败的结局。而那些具有自驱力的员工，就算他们开始的位置很低，通过不断的努力，也最终会“一步登天”，取得成功。

你难道从未感觉到满足感所带来的狂喜吗？你难道还没找到目标，没有获取成长的力量吗？你难道还没有推动力，没有坚定生命的方向吗？如果还没有，那你还没有自我实现的强烈愿望。要知道，对于人生真正意义的追求，能够使我们热血沸腾，使我们的灵魂点亮。这种追求并不仅仅局限于一般意义上的维持生计，它在更高层次上与我们身边的社会息息相关，并且能够满足我们精神上的最终需求。

只有在追求自我价值实现的时候，人才会激发出持久强大的热情，才能最大限度地发挥自己的潜能，服务于社会。这种热情不只是外在的表现，它发自内心，来自你对自己正在做的某件工作的真心喜欢。

女人可以过自己的生活

网络上经常可以看到这样的帖子：某某被感情伤害，叙述了恋人之间的一段故事，说自己付出多少，而对方却是多么无情，置自己的死活于不顾，冷漠地分手，一点儿人情味也没有。下面总会引来大家的支持，后面跟帖无数，有的是因为产生共鸣，好像楼主在述说自己的经历，有的则是出于同情，出于对道德的维护。

曾经有一个男孩子要和女朋友分手，但是女朋友坚决不同意，并且威胁说，如果要分手，她就去自杀。男孩不知道如何是好，因为两人确实不适合，男孩还是选择了分手。

但是，他的女朋友并没有自杀。

为何没自杀呢？第一，这种大吵大嚷要自杀的人一般都是胆小鬼。真正要自杀的人是不会告诉别人要自杀的，都是要经过几天的苦闷期，自己无处诉苦，才一时想不开而产生错念。第二，拿生命来做威胁的人，内心一般都缺少安全感。这种人不能独立，且常常会拖累别人。为什么那么多的女性没有安全感？这是值得我们去思考的。

在百度里面搜寻“安全感”，就会看到页面中出现这种话：为什么我觉得男人没有安全感？为什么我的女朋友说我没有安全感？如何让别人觉得自己有安全感？没有安全感的 22 个表现……似乎安全感已经成为选择对象的决定因素。

每个人都期望自己处于安全感之中，因为安全是人生存的基本需要。只是，安全感，每个人有每个人的理解，各不相同。在现在的社会中，女孩子总会因外界影响而产生这样的观念：“我是一个女人，女人不可能不依靠男人就活得很好，至少我做不到！”或者是隐晦一点的：“干得好不如嫁得好！”或者包装得再唯美一些，干得最好的是张爱玲，也只是因为她出身大户家庭，并且有写作的天分，不过她还是弱小得像个林黛玉。

张爱玲在小说《红玫瑰与白玫瑰》里写道：“娶了红玫瑰，久而久之，红的变了墙上的一抹蚊子血，白的还是‘床前明月光’；娶了白玫瑰，白的便是衣服上沾的一粒饭黏子，红的却是心口上一颗朱砂痣。”也许在张爱玲的心中，男人是不靠谱的，在感情上没有安全感，抱着白玫瑰想着朱砂痣，搂着红玫瑰念着“床前明月光”。

如果你年龄已经超过 25 岁却还没有男朋友，你会明显地感到来自亲朋好友的压力。不信你就试着给家里任何一位超过 40 岁的长辈打个电话，估计话不说到十句，就会提到“你为什么还不找个男朋友”之类的话。

总之，这个社会，大家都一致认为，女人没有能力一个人活得很好，没有男人，女人是活不下去的。

如果一个女孩子存在这样的观念：我没有能力一个人生活，没有男人，我就活不下去。这种观念会对她产生怎样的影响呢？

她会不停地寻找有安全感的男人，没有安全感也不要紧，如果男人有钱或者有权，至少他的钱或者权会让她有安全感。如果这些都没有，男人本身一无是处，可是出身好，他的父母有权或者有钱也可以。

“幸运”的女子也许会找到一个这样的男人，把一生完全托付给他，依赖性越来越大，直到独立生存的能力消失殆尽。终会有一天，她将成为一个必须依赖别人才能生存的人。这个时候，自己的男人就是救命稻草，不管怎么都会死死抓住这个男人不放，她害怕松手后，自己会突然跌进万丈深渊。其实她不知道，她自己完全可以独立，过得幸福、快乐，只是她没有尝试过，她的观念中认为自己不可以独立生存。

“美丽”的爱情故事

有这样一个女孩。

读大学时，为了把他留在身边，她献出了自己的第一次。

毕业后，为了留住这个自己爱的人，她和他结婚了。

几年后，为了让她爱的人回心转意，她为他生了一个孩子。

又过了几年，当婚姻和孩子还是留不住自己爱的人，她自杀了。

这个爱情故事可谓凄美，这个男子不能不说无情，这个女子不能不说痴情。可是细想一想，她真的爱这男人吗？那不是爱，而是恐惧，是对安全感将要丢失而产生的恐惧。

爱情可以分为两种：一种是存在危机感的爱情，这种爱情让处于爱情中的每个人都被爱情所累；另一种是没有危机感，彼此没有依赖，所以不存在危机感，彼此都是在享受爱情，你舒服，他也舒服。

没有人喜欢在现实中被控制，就像喜欢安全感的奴隶意识，乐意于享受牢笼中的生活；但是，一旦把他丢进了监狱，他只会痛苦。这是现实中的被控制。所以，没有人在现实中喜欢被控制，也没有人能够完全控制对方。当一个女人把自己的快乐和安全感绑定在男人身上的时候，也就为自己日后的痛苦挖好了坑。

快乐生活是不存在控制的，是彼此都乐意的，它给予的安全感也是不会失去的，于是男人也是可靠的，不会失去。存在危机的爱情会用结婚来维系，结婚之后仍存在危机，生孩子可以维系，生孩还是不能解除危机的时候，而只能延续危机感，因为她会告诉自己的孩子她的观念，让这种观念在孩子身上延续下去，使悲剧再次发生。

这种重复就是模式，也就是这样的模式，让人变成安全感的奴隶，让人陷入害怕失去而又全力掌控的焦虑心态之中。《不要和陌生人说话》里面，丈夫的变态掌控，全都来自内心的安全感危机。"你掌控不了他，你没有资格。"终于有一天，那个深爱你的人也会不堪重负，尝试摆脱你的掌控，为自己争取一片空间，想让自己透透气。

为了维系爱情，有的人会选择报复。很多轰轰烈烈的爱情在面临分手时会是悲剧式的结局：情杀，自残，似乎爱恨情仇是分不开的。为了拯救爱情，他们可以不择手段，其实是在拯救自己的安全感，让自己不至于失去依靠。他们认为只要是为了爱情，手段没有卑劣的，都是高尚的。

事实上，那也不是为了爱情，而是为了安全感，是出于恐惧心理。

地球的存在不是因为哪一个人，这个世界没有谁都能继续存在。有些人不知道什么时候就陷入了这种深深的恐惧，坚信自己需要被别人认同，坚信离开了另外一个人便无法生活。所以，如果那个人不在，自己也就无法活下去。这其实就是一种恐惧。

《南方人物周刊》2010 年第 3 期有篇报道，讲述了这样一个爱奴越狱的故事：

李欣频，台湾文案圈最知名的创意者之一。这个被誉为“文案天后”的优雅又从容的女孩子，她一手塑造出来的“诚品书店”品牌已是台湾的文化地标。“一家民营书店能开到吸引游客、增加外汇收入、刺激经济、提升当地形象的地步，放眼全球，除了台湾的‘诚品’，恐怕找不出第二家。”

她 21 岁步入广告圈，28 岁出了她的第一本书，然后在接下来的 7 年中，她写了 26 本书。正是这 7 年时间，却是她幸福感不多的时候，因为“害怕一个人待着，没有安全感”。“我是一个非常非常依赖别人的人，就是因为太依赖别人，导致人际关系出了很多问题。”李欣频回忆说，因为情绪的不畅，健康也出现问题，一年要跑三十几次医院。她开始怀疑自己为什么活在这个世界上。她去寻求心理医生的帮助，“他们只会给我开药。”

李欣频放下一切，去了印度。在那里，她遇到了自己的男朋友，更遇到了自己，她把这种方法称为拥有“与自己独处的能力”。她说：“人在最痛苦的时候，在你身边的只有你自己。”

……

李欣频现在的男友在台湾。拥有了独处的能力后，哪怕分居两地，

她也可以享受到爱的幸福,她现在的方式不是索取,而是给予。

很多人结婚的原因只是为了找到一种安全感,不过,现实给了我们很多离婚的例子,都是借助婚姻寻找安全感,结果却事与愿违,婚姻中无法得到安全感。安全感绝不是来自婚姻,如果抱着安全感的目的缔结婚姻的话,这个婚姻百分之八十会出现问题。结婚的对象不是一个港口,人不是固定的东西,而是活着的。结婚后,人还会去接触不同的人,还会在兴趣上改变。所以,不要依赖他人给予你想要的东西,要靠自己的努力去换取,如果不能,那么婚姻基本上都是失败的。

一个人首先要爱的到底应该是谁?其实不是丈夫,不是妻子,不是孩子和父母,爱要从爱自己开始。你可以爱爸爸爱妈妈,爱他和她,爱每一个人,甚至是爱小猫小狗,这一切都要从爱自己开始,因为这些爱都是出自你自身。爱一条河流就不能污染它的源头,爱也是如此。

打着“爱”的旗帜去伤害他人,去自残自杀的那些人,他们没有发现,那其实不是爱,而是恐惧。安全感控制着爱情中的人,然后以此去毁掉身边的人,毁掉生活,甚至有的人会牵扯到陌生人,把仇恨投到每一个人身上。

安全感不是来自别人,而是来自自己。遇到婚姻危机,不要问为什么自己的老公没有安全感,那是因为你自己没有安全感!

只要你有一颗坚定的心,只要你相信一个道理:世界上少了谁我都能够活下去,而且活得很好。人要有那种与自己独处的能力。

Chapter 3

消灭安全感，改变心智模式

如果你手上恰好有一笔资金，你是去买房还是投资？如果二者只能选其一，相信为数不少的人会选择买房。因为投资有风险，搞不好会血本无归，但买房子却意味着安全感。但是还有一种人，他们却毅然选择投资自己的事业。即使一次失败、两次失败……他们总有成功的一天。而选择买房的人，却永远失去了尝试的机会，只能老老实实做一辈子房奴。

奴隶，在安全感中形成

你或许有过类似的担忧：我是一个老师，在小城镇工作。在我周围，人们的工资都不高，但是稳定，生活悠闲，结婚生子，守着微薄的工资到退休。看到他们，我就看到了自己的未来，我害怕这种生活，我的路子不应该是这样的。因为害怕也会和他们一样，我想去大城市里找工作，在那里找到我的人生理想。但是，总是被各种顾虑绊住了脚步，害怕在城里面找不到好工作，害怕前途的迷茫。为此我曾经想过考研,借助考研来摆脱自己的现状,此时顾虑又出现了:如果辞职后又没有考上,那该怎么办?也许我会在无奈的情况下以一段恋爱、结婚来了却我的烦恼。不过,这仍然让我害怕,我怕婚姻会成为我未来发展的阻碍。我该怎么办呢?

该怎么办?或许你有过这种感觉,那种好像什么都有可能,又什么都可能做不到的恐惧。突然感到自己成了社会可以遗弃的人,弱小无助,也禁不起任何的失败。世界很大,在你的周围却有一个很小很小的牢笼,囚禁着你,你不能去任何地方了。

弱小自卑的人最希望得到的就是别人的肯定, 一个肯定的、权威的声音可以改变这种人的命运。“离开这里,去你想去的地方,你会成功的。”如果有人这么告诉他,他就克服了恐惧,有了摆脱羁绊的勇气,但是没有任何人会这样说。即使是职业规划师,他们也不会这么说,因为他们知道,这不是一个职业规划的问题,而是心理问题——即使他们为这个人找到了最优化的道路,他也会继续和自己玩“Yes,But”的游戏:“是的,但是……”这种人每走一步都要瞻前顾后,疑虑重重,他们被自己所乐意的安全感囚禁着,却又为此烦恼着。他们想摆脱的其实是一个旧牢笼,换一个新牢笼就会让他们觉得舒服了。

这些人可以被称为“Yesbuter”。大部分的 Yesbuter 都是奴隶型的人,他们喜欢安全感,乐意于做安全感的奴隶。安全感对一些人有着无比强大的力量, 可以在他们周围形成一个看不见的牢房,住进了牢房,他们就成了囚犯,像奴隶一样生活。似乎牢房对他们有意想不到的魅力,让他们心甘情愿地坐牢,而不愿意去过自由的生活。

这个牢房是用恐惧做砖石，用恶毒的信念做水泥。回头看看上面那个小城市的女孩子：她既害怕随波逐流，也害怕改变，担心考不上研究生，害怕爱情。仅仅是这些恐惧，就把她与有意义的人生隔离了，考研、工作和爱情，这些她所向往的东西都被隔离开了。使她与世隔绝的，不是监狱的高墙大院，而是一堵无形的墙，这堵心理的墙让她哪里也去不了。

通过与她的对话就能看到是什么让她恐惧，是什么在她周围形成了无形的牢笼：

“为什么不考研呢？只要努力一年就可以了，你知道这是最好的方式了。”

“你说得没错，但是我不擅长学习。”

“为什么不尝试找到你的人生伴侣和他一起奋斗呢？”

“这不失为一种好办法，但是男人大多喜欢小女人型的，不喜欢妻子太好强。他会管住我、阻碍我的。”

“为什么不去大城市找找工作呢？”

“在大城市里工作是我向往的，可是，外面的工作很不好找，我怎么知道能不能找得到呢？”

“平平淡淡才是真，为什么不就这样安心地待下去呢？过着平淡快乐的生活不也很好吗？”

“没错，但是我不喜欢与他们一样……”

这就是一个被安全感囚禁的人。囚禁我们一生的不是实体的高墙，而是我们内心的执念。

心智模式决定命运

有些人相信命运，一切按照命理做事；有些人相信星座，自己的行程安排都要参考每周的上升星座；有些人只是在心情不好的时候看看星座运程；有些人很希望借助星座知识来了解自己暗恋对象的性格……不管你属于哪类人，下面这个故事都值得你看一看。

汉斯·艾森克教授（Hans Jürgen Eysenck，1916—1997），现代人格科学理论的主要贡献者，是近代研究成果被引用次数最多的心理学家。他一生致力于研究人性中的某些因素的量化问题，对于星座与性格的关系，也有过深入的研究。

他创制的艾森克人格调查表已经成为著名的心理学量表。每个量表都有五十多个不同的描述，接受调查者只需要给每一个描述选择一个适合自己的“是”或者“否”。根据对这些问题的回答，能够分析出“内向—外向”和“神经质”两个维度的人格特征。

而根据古老的占星学知识来对星座进行分类，十二星座中有六个偏外向星座和六个偏内向星座。中国论属相，西方有星座，十二星座分别是白羊座、双子座、狮子座、天秤座、射手座、水瓶座、金牛座、巨蟹座、处女座、天蝎座、摩羯座、双鱼座。其中，三种土象星座（金牛座、处女座和摩羯座）的人比其他星座的人更能够保持控制情绪，心态更平和；而三种水象星座（巨蟹座、天蝎座和双鱼座）的人，相对而言，性格中多了些神经质，情绪和心态不稳定，较易出现波动。

那么现实中，不同的星座真的有着相应的性格吗？为此，艾森克做了一个心理学实验。

艾森克和英国著名的占星学家杰夫·梅奥联手做了一个人格调查。梅奥几年前开办了一个占星学院，学生来自全世界各个地区。他们从中选择2000多人作为实验对象，这些学生提供自己的出生日期，并且配合完成了艾森克人格问卷。

实验结果让艾森克和梅奥两人大吃一惊：参与实验的学生的性格特征与他们相应星座的性格描述竟然完全吻合！

实验得出，与占星术中分出的外向型性格星座相应的学生，在外向特质上的得分明显要比内向型性格星座的学生高。三个水象星座的人在神经质特质上的得分，明显高于三个土象星座的人。为此，占星学期刊《现象》宣称，这个发现“可能是21世纪占星学上最为重要的进展”。

在占星术领域为取得此次实验的成果而欢呼时，艾森克本人对实验本身的科学性产生了怀疑，他开始意识到实验样本选得有问题：他不是选择普通人做实验，而是选择了一个特殊的群体，这个群体中的所有人都对星座笃信不疑。

换句话说，参与实验的这些人内心已经事先形成了一个关于星座性格决定论的心智模式，在他们的意识里，星座和性格就是完全一致的。

找到了前次实验的问题，艾森克又重做了原来的实验，只是实验对象换了，不再是已经被星座知识影响的成年人，而是一群天真无邪的孩子——他们对星座和性格的知识几乎是一无所知的。艾森克选取了1000名孩子作为实验对象。这一次，通过实验问卷调查，结果完全不同了：孩子们在外向和神经质两个特质上的得分跟他们所属的星座毫无关系。原来得出的性格与星座一致的实验结果被推翻了。

这个实验结果无疑是对占星学的重击,人们一直把这位心理学家作为占星学的代言人和保护神,但是这位心理学家现在却倒戈一击,把矛头指向了占星学。对此实验结果,占星学界也给出了自己的解释:这些孩子心智还没有成熟,没有发展出他们所属星座赋予的性格。

针对占星学界给出的解释,艾森克做了第三次实验,实验对象再次改变,不再选择小孩子作为实验对象,而是选择了成年人。这些调查对象整体特点是对占星学的了解程度参差不齐,有的很了解,有的不太清楚。结果调查发现,如果调查对象很了解星座与性格的联系,他们的问卷结果就跟占星学非常吻合;相反,如果调查对象对占星学没有太多了解,他们的问卷结果显示性格跟占星学不存在必然的联系。

实验进行到这个地步,结论已经相当明确:不是星座决定了人的性格,而是星座给了人一个性格,人按照星座对号入座,把自己的性格向着星座描述的性格特质方面发展。也就是说,先是有人对星座性格的相信,然后才形成与星座相应的性格。"星座—性格"的心智模式不仅让他们看到与之相符的世界,也让他们相信那就是自己的性格,再按照那样的性格来生活,最后真正成为星座所描述的人。

简单来说,人们真的会变成自己心理上认可的人,而星座为他们提供了性格的模型。通过这个故事可以看到,心智模式可以重新塑造一个人,它的影响力实在是太强大了。

看看测得准不准？

下面是一个星座描述，根据这个描述，把自己和这个描述相比较一下，然后给自己打一个分数(0—5 分)：0 分最不像，5 分最像。你会给自己打多高的分数？

(1) 你需要别人喜欢你和欣赏你，但你通常对自己要求苛刻。虽然你在个性上的确有一些弱点，但你通常能够设法加以弥补。你在某些方面的能力并没有得到充分的发挥，所以还未能变成你的优势。从外表来看，你是一个讲求自律和自制的人，但内心却常常焦虑不安，有时候，你会强烈地怀疑自己是不是做出了正确的决定或正确的事情。

(2) 你倾向于让自己的生活有所改变，并且变得丰富多彩，在遇到约束和限制时你会感到不满。你很自豪自己是一个能够独立思考的人，如果没有令人满意的证据，你不会接受别人的观点和说法。不过，你也觉得在别人面前过于直言不讳并不是明智之举。有时候你很外向，比较容易亲近，也乐于与人交往；但有时候你却很内向，比较小心谨慎，而且沉默寡言。你有很多梦想，其中有一些看起来相当不切实际。

这是 20 世纪 40 年代末心理学家伯特伦·弗瑞尔在他的《心理学导论》课上做过的实验，实验中的描述也是摘抄自星座书中的描述，不过是从 10 个不同的星座里面分别拿出一句话凑成了这一段话。随后，他要求学生根据这个描述给自己打分，0 分表示非常不准，而 5 分则表示非常准确。当年，87%的学生给出的是 4—5 分。很明显，学生们被这位老师给骗了。其实也不是老师欺骗了他们，而是他们被自己的心智模式(Mental Modle)欺骗了。

这个实验再次说明了一个观点：人都活在自己的思维之墙内，可以自我欺骗,却不可以被别人欺骗。

怎样理解心智模式

英格兰一所大学的研究表明,重要的并不在于一个单词中字母的顺序,而在于第一个字母和最后一个字母要在正确的位置,剩下的字母完全可以处于混乱的排列状态,但你依然可以容易地读出每个单词。这是由于我们阅读时不是一个字母一个字母地读,而是把每个单词作为一个整体来读。

由于长期形成的阅读习惯,人在阅读时只需要看到单词的第一个和最后一个字母,就可以读出这个单词,至于单词中间的字母,就会依赖记忆自动填补上。如“Rd”,如果结合上下文,你的大脑会自动填空为“Read”。

虽然我们的眼睛在按照顺序连续地阅读,但是我们的大脑并不会加工所有的字母,像那样由字母到单词,由单词到读出这个单词。阅读时,我们只是提取了单词前后两个字母,其余部分则是由大脑凭借对该单词的记忆来填补的,这可以提高阅读速度,使阅读顺利地完成。所以我们学习单词时,才会觉得认出一个单词很容易,而要写下这个单词则就稍难了些。

美国神经生理学家沃尔特·弗里曼(Walter Freeman)经过研究发现,人由感觉刺激引起的神经活动会在大脑皮层中消失。这意味着我们的大脑从外界接受信息的同时又抛弃掉它们中的大部分,只使用留下的那一小部分来建立一个属于自己的内心世界,并且以为外界就像自己心中的世界那样。人类就好像戴着一副看不见的眼镜在看世界，这个镜片会过滤掉大部分的信息，在我们心中形成的世界是通过自己的内心来填充的，就好像阅读时自动填充单词中间的字母一样。

《周易·系辞上》说："仁者见之谓之仁，智者见之谓之智。百姓日用而不知，故君子之道鲜矣。"简单地说，人所能看到的那一部分世界只是自己想看到的，并没有看通透整个世界。

怎样让自己更幸运

如果一个人只看到了世界的一部分，在头脑中要形成一个完整的世界，那么空缺的部分又是如何处理的呢？你可以在下面这个故事里得到解释。

一辆货车正行驶在狭窄而弯曲的山路上。司机已经开了三个多小时，他有点儿困了，眼睛微眯着。在快要到坡顶的时候，从对面驶来了一辆车，车上的司机将头探出驾驶窗外，一边伸手指了指，一边对他大喊了一声："猪！"然后两辆车呼的一声擦肩而过。这时，原本被睡意困扰的货车司机一下子醒了，他马上伸出头，冲着那辆车的背影大声骂道："你才是猪！你们全家都是猪！"占了便宜后，他得意地缩回头，突然看到前面的下坡路被一群猪堵住了，刹车不及的他连人带车翻进沟里去了。

原来，对面的司机只是告诉他前面有猪，但是习惯思维让司机以为这是一句侮辱的话。假设把人脑比作一台电脑，货车司机脑子里只是运转着自己设定的程序，每当他听到“猪”这个词的时候，程序马上导出“这是侮辱的话”，然后直接给出反应，就是以更难听的侮辱话回击。已经设定好的程序不可能给出前面有猪挡路的识别信息，这让他失去了躲开危机的机会——其实别人的意思是“小心前面的猪”。

为什么会这样？可能因为这个司机之前有过被骂猪的经历，也可能是在他的词汇库中，“猪”这个词不是别的，就是一个侮辱人的话。总之，人总是按照自己过去的经历和记忆来构建一个属于自己的世界。

你有过这样的体验吗？在看到一件事情之后，根据自己已有知识的判断，以为那应该是如此这般，然后马上反应说“哦，那一定是如此这般”，待事情结束后才发现那是一个错误的看法，而你同时已经失去很多改正的机会。这就是因为你的大脑为你构造了一个错误的世界模型。

大脑在之前已经设定好了一个固定程序，这个设定可以对可以错，这个固定程序会处理进入大脑的信息，然后根据已有经验和记忆构建出一个假设的世界模型。如果遇到全新的信息进入大脑，大脑就会不知所措，等到出现了结果后，大脑会更新这个原有程序，把这个全新信息和它出现的这次结果联系起来，不管这次结果是对还是错，等到下次再出现这个信息时，大脑会马上反应出这次的结果。这就是程序的设定。在遇到信息与结果不对称的时候，程序会自动更新，多出一个结果选项。简单地说，我们给自己创造一个世界模型，然后根据这个创造出来的模型来生活。这是大脑的工作原理。一般情况下，这个方式可以用来快速处理非常复杂的问题。不过有些时候，这个模型也会让我们犯一些明显的错误，比如说上面提到的司机撞猪。

同为一个班上学习的学生，但是每个人的成绩总会有好有差，参差不齐，原因何在？同看一本书，从中得到的感悟却有不同，原因何在？面对同样一个机会，有人视而不见，有人马上行动，原因何在？为什么双胞胎有这么多的共同点，但是会有完全不同的命运？原因并不复杂，就是因为虽然他们生活在共同的环境下，但是通过内心模式的选择，他们看到的世界是不一样的。

所以，即使生活在完全相同的世界中，人们也会感到世界的完全不同。我们透过不同的镜片过滤世界的信息，还用不同的经验和记忆来解释这些信息，搭建起我们内心的世界，并且以为那就是真实的世界。“色即是空，空即是色”出自佛教禅宗，这句话翻译成心智模式的说法就是：一切事物都是心智模型，而心智模型对于你来说就是真实的世界。

我们往往把这个称为“思维方式”或者是“思维定势”。内在世界模型就是由这个看不见的“镜片”加上一套固定的“思维程序”所搭建的，这个内在世界模型就是我们的心智模式。

幸运是人人向往的东西，但是怎么才能让自己更幸运呢？

性格决定命运，性格是否也决定了幸运程度呢？也就是说，性格改变了，幸运程度是否也会随之改变呢？幸运明显属于外界的因素，是否也会受到心智模式的影响？

英国心理学家理查德·怀斯曼在《怪诞心理学》中提到了一个实验，是关于幸运和性格之间的关系。他在书中写道：

我给那些志愿者每人发了一张报纸,请他们仔细看过后告诉我里面共有几张照片。其实,我还在这张报纸上为他们准备了一个赚钱的机会,不过我并没有告诉他们。在报纸的中间部位,我用半版的篇幅和超大的字体写了这么一句话:“如果你告诉研究人员看到了这句话,就能为自己赢得100英镑!”那些运气不佳的人完全把心思花在了清点照片的数量上,所以并没有发现这个赚钱的机会。与此相反,那些幸运儿看到了报纸中间的大字,从而为自己赢得了100英镑。这个简单的实验表明,幸运的人总能够把握意想不到的机会,从而为自己带来好运。

事实上,之所以有些人可以赚到100英镑,有些人则什么也没有赚到,原因是他们内心模式的不同:赚到100磅的人安装了“幸运儿模式”,而没有赚到钱的人则是安装了“倒霉蛋模式”。“幸运儿模式”为他们创造了一个充满机会的幸运世界,会更加容易发现外界潜在的机会;“倒霉蛋模式”让人对机会视而不见,因为他们安装的模式中没有“机会”这个东西。

由于内心设定的幸运,那些幸运儿认为这个世界到处充满了幸运,所以幸运儿反复印证自己的“幸运儿模式”,从而更加相信自己的“幸运世界”,而幸运也从不吝啬降于这些人身上;而倒霉蛋则对自己的“倒霉世界”坚信不疑,他看到的世界是没有幸运的,当然也会和幸运擦身而过。我们身边总会有一些人好像总是戴着天使的光环,凡事一帆风顺;而另一些人仿佛天生晦气,八字不顺,喝凉水都塞牙。

其实幸运还是晦气不是天生的,幸运度很大程度上取决于人内心的模式，安装“幸运儿模式”的人就会处处幸运，安装“倒霉蛋模式”的人则是时时晦气。

仁者见仁，智者见智

心理咨询师常会对来做心理咨询的人做一个小小的测试，用一种墨迹实验来判断来询者的内心世界。心理咨询师会把墨水随意甩在纸上，然后把纸对折，并挑选出有一定形状的墨迹来做实验。也就是说，这些墨迹事实上没有任何意义。心理咨询师会利用这些图片对来询者进行测试，让他们回答在纸上看到了些什么，根据回答的内容来判断咨询者的内心世界。比如，有些人在图片上看到的是动物的尸体、死蝙蝠、撕开的熊皮或骷髅等，心理咨询师可以以此来判断来询者很可能有自杀倾向。关于这个图片测试还有一个笑话：

一个人找某位心理学家咨询心理问题，心理学家给了他一张墨迹纸，这人看了墨迹纸之后马上说自己在纸上看到了性。心理学家就给了他第二张纸，他看过后说看到的也是性。随后，心理学家给了他十多张墨迹图片，他每次都是说看到了性。

做完墨迹实验，心理学家严肃地对他说：“很抱歉，你太关注性了，恐怕你在性方面有一些问题。”听了心理学家的评价，他很惊讶：“怎么能说我关注性呢？如果不是你拿着一叠色情图片给我看，我才不会提起性呢！”

“仁者见仁，智者见智”，套用这句话的结构来造句，也可以说淫者见淫。如果一个人看什么都可以看出性,不管什么事情都能给复述成黄色故事,看什么都觉得暧昧,那么他的内心就安装了一个淫者的心智模式,所以只见淫。

人能看到什么世界,完全由心智模式决定。有趣的是,人总是用这个自建的属于自己的所谓"真实世界",反过来证明内心形成的模式的正确性。所以,"仁者见仁,智者见智"可以改为"仁者见仁而得仁,智者见智而得智"。如果一个人的内心以为葡萄是酸的,即使葡萄里更多的味道是甜的,他也会说葡萄是酸的,因为他觉得酸才是葡萄的味道,至于甜味,就会觉得那是在陪衬酸味。如果一个女人的意识中,觉得男人没有一个是好东西,即使遇到了好男人,她还是会说这个男人是装出来的,慢慢就会露出坏的本性。

这就像那个关于自我实现的预言:一个女人不相信自己的丈夫对自己忠心,始终觉得丈夫有外遇,此时在她内心构建了一个老公出轨的心智模式。随后的一段时间,她越看丈夫就越像是出轨的人,于是整日里和丈夫闹腾。折腾半年后,她的丈夫真的遇到了一个心仪的女人。他觉得既然出轨不出轨在老婆看来自己都是出轨的,还不如干脆出轨,于是丈夫果然出轨了,而预言果然得到了应验。

看了这个,是不是会让你想起"吸引力法则"或者"梦想成真"的心理法则呢?的确,心智模式是至今关于这类说法最好的心理学解释。

人为自己构建了一个世界,然后在生活中反复强化这个模式世界,最终让我们对它确信无疑,和自己构建的完全相同。这样说来,人好像有了巫师的本领,先给自己搭建一个幻想世界,然后在现实中让这个幻想得以实现。

思维是一种力量

自从能够直立行走之后，人类始终在奔跑着，从古代的追逐野兽、赶路，到现在的体育运动会，但是人对自身速度的认识是不够的。直到 1954 年之前人类还是以为 4 分钟之内不可能跑完 1 英里。人们认为，在 4 分钟内跑完 1 英里（相当于 1.6 千米）超出了人类的体能极限。

英国的长跑者罗杰·班尼斯特说："在 4 分钟内跑完 1 英里，这是运动员和运动爱好者梦想的目标。"班斯特写道，大家都"习惯于认为这是不可能的，是人类达不到的"。这绝对是一个不可能超越的极限，就像以前水手们所认为的，在地球尽头，水会像瀑布一样落下去。但结果都证明，这些只是幻觉。

就在所有人认为不可能完成的时候，1954 年 5 月，班尼斯特在牛津的跑道上突破了这一极限，用 3 分 59.4 秒的成绩跑完了 1 英里。可是这个神奇的成绩就在两个月之后的芬兰，被澳大利亚选手约翰·兰迪（John Landy）再次打破，他用 3 分 58 秒的时间跑完了 1 英里。在接下来的几年时间里，还有很多选手不断刷新 1 英里长跑的世界纪录。

世间万事万物，只有你想不到的，没有你做不到的，一旦人意识到某件事是可能的，这件事必将成为现实，只是时间和技术问题。

在 1954 年的人和之前的人没有什么太大不同，人类的基因并没突变，科技的进步也不能直接作用于人的体能。但是，为何人能在这一年用不到 4 分钟的时间跑完 1 英里的路程呢？那是因为人坚信

4 分钟内可以跑完 1 英里,然后就做到了。

第一个在 4 分钟之内跑完 1 英里的班尼斯特是如何摆脱掉思维障碍的呢?

首先,他必须坚信人可以在 4 分钟内跑完 1 英里。其次,他是牛津大学的医科学生,后来做了神经内科医师,懂得如何理解人类的行为,如何挖掘人类的潜能,并且采用科学的方法来看待训练。在训练中,当他把成绩缩短到 4 分 1 秒之后,成绩一直停滞在这个时间上,不能够再前进,他意识到了别人错误的断言影响到了自己的心智模式,从而形成了障碍。随后,他放弃训练,出去徒步旅行和攀岩,想以此来给自己找到自信,更改原有的心智模式。几天后,他回来继续训练的时候,惊讶地看到自己的成绩突破了 4 分钟。

注意:说了心智模式对人的决定性,但并不是说人可以随心所欲地改变世界。如果有谁告诉你说:“只要你想,1 分钟就能跑完 4 英里!”那绝对是疯话。人类的体能是有一个极限的,只是这个极限比我们想象的要高出许多。人类的内心世界中有可以改变的部分,我们只要去找到它,然后改变它,通过思考和观察去重新塑造它,让它更加适应自己的世界。

有一段祈祷词:愿上帝赐我一个平静的心,去接纳我所不能改变的事物;赐我无限勇气,去改变那有可能改变的东西;并且赐我智慧,去辨别这两者的差异。

这就可以借助心智模式来理解:找到我们内心世界中那些可以改变的地方去改变,找到那些不能改变的地方去接纳。简单地说,就是愿上帝赐我一个好的心智模式。

如果是一个航海者,你心中有没有关于世界的极限?有没有一些你认为不可能的事情，却在别人那里变成了现实？有没有想过那些人内心世界的极限和你的有什么不同？其实，真正限制我们的，不是外界的失误，而是我们思维里面“看不见的墙”。

再来听听一个故事，故事中的安妮身体虚弱，你能否找出安妮总爱得病的原因？

安妮是一家著名IT企业的人事部经理，我在一次企业内训中偶然间认识了她。由于她精通英语和法语两门语言，公司将她调入欧洲区任职。作为全球化的团队的一员，安妮可谓春风得意。正所谓家家都有一本难念的经，安妮也有自己的担忧：由于自己的身体较弱，她一直担心能不能胜任海外的工作。她经常开玩笑说：“社会流行什么病，我就得什么病。”一旦办公室有人发烧，她也一定在劫难逃。所以，这让她困惑是不是该接受这个提升机会。

当她向我说出自己的困惑时，我就问了她几个问题。

“你是家里的老大吗？”我问。

“是的，家里还有一个弟弟。”

在确定她是家中的老大后，我就问了下面这个问题：“你是不是恰巧在你弟弟出生的时候得了一场病？”

“是的。”安妮说。

原来安妮的病根子就在这里。

家庭中经常会出现这样的情况：第一个出生的孩子能得到所有家人100%的关爱，当第二个孩子出生的时候，就会占去老大来自家人的一部分关爱。

故事中的安妮也是,她会发现,随着弟弟出生的临近,大家对她的关爱也越来越少了,很大部分都转移到了将要出生的弟弟身上。等到弟弟出生后,家里的重心全部转移到了弟弟的身上,她就彻底输掉了这场爱的争夺战,心里觉得自己的爱被剥夺了。通常在这个时候,父母们会教长子长女如何去照顾新生的弟弟妹妹,在爱弟弟妹妹中体会到自己的重要性。不过,恰巧在这个时候,安妮得了一场大病,当她醒来的时候又惊喜地发现:已经失去的爱又重新回到了她的身上。就在这一刻,她的潜意识里把生病和被爱联系在了一起,这个联系构成了她的一个重要的心智模式:生病——被关爱,被关爱——生病。当她想得到亲人的关爱时,觉得亲人对她的关爱不够时,或者想得到比平时更多的关爱时,那就生病吧。

明白了自己之所以虚弱爱生病的原因,安妮突然意识到了为何自己的恋爱史就是个疾病斗争史。原来,她从高中以来谈过很多次恋爱,每次恋爱的时候她都会生病,以各种大病小病考验着她的男友,因为她享受那种被男生抱着的感觉,喜欢自己躺在医院里被人照顾的感觉。她现在的丈夫之所以能够得到她,也是因为他在病床边对她无微不至地照顾。

不仅恋爱史是对疾病的斗争史,她的工作也是一场与疾病的斗争史。她总是在最需要支持的时候病倒,每次病倒后都仍然坚持工作,她的行为终于感动了团队和上司,公司对她的升职从来都不吝啬。既然生病有那么多的好处,安妮就一次次地生病。找到了原因之后,我们知道安妮需要调整的不是身体,而是自己内心的心智模式。虽然生病给她带来了更快的成功,但是成熟的安妮现在已经不需要通过生病来获得关爱了。

后来，她接受了去欧洲的职务，而且已经很久没有生过病了。

改变你的心智模式

德国史蒂芬·沙夫胡贝尔在他所著的《成功心理四因素——领导心理训练》中，提到了一个很有趣的事情：科学家通过计算野山蜂的体重及其两翼张开的宽度得出结论——野山蜂不能飞行。庆幸的是，野山蜂看不懂科学家的研究结果，现在仍然可以在天空中飞行自如。我们可以做一个假设，如果野山蜂知道了科学家的研究结论，还能不能继续飞行呢？

在这个大千世界，最大的危险不是来自外界，而是我们内心的模式。人的内心模式限制了我们的思维，也限制了我们的感官系统，可以决定我们感觉到些什么，控制着我们的思考，以至于我们会成为什么样的人也由它决定。面对这个强大的心智模式，我们需要拆掉思维之墙，改变我们的世界。

“心智模式是深植于我们心灵之中，关于我们自己、别人、组织以及世界每个层面的形象、假设和故事。这就好像一块玻璃微妙地扭曲了我们的视野一样，心智模式也决定了我们对世界的看法。”这段话是《第五项修炼》的作者彼得·圣吉说的，他的意思是：每一个人都隔着一块镜片来看世界，而这个镜片就是自己的心智模式设计的，人用一套程序来构建自己的心智模式，从而形成自己的世界。我们能改变的就是换一块好的镜片，却不能彻底移除镜片，因为每个人都有一个心智模式，也都需要一个心智模式，只是有的好，有的坏。

下面是学者们对心智模式提出的一些观点:

一、心智模式是一套大脑内部程序

一台电脑由硬件和软件组成,好的硬件可以安装好的软件。如果电脑有好的硬件,却安装一个很差的系统,好的效果是看不到的;反过来,如果电脑硬件一般,要安装一个强大的系统,就会不能正常地运转,很容易死机。

如果把人类的大脑比作电脑,那么作为物质的大脑就是电脑的硬件,大脑内部的心智模式就是系统软件。人与人的大脑之间的差距不是在物理上,而是在内部系统上。心理学家通过实验研究证明,人与人在智商上的差异并没有我们想象的那么大,世界上的最高智商也只是正常智商的四倍,而现实中人与人之间能力的差异却远远不止四倍。所以,人与人之间的差距与其说是硬件(智商)的差距,不如说是心智模式(思维模式)的差距。

现在我们来看看脑子里面的模式是如何运行的?早上醒来的时候意味着大脑“开机”了,穿衣起床,戴上眼镜,这一切只是习惯性的动作,不需要意识的过多参与,这就好像 WINDOWS 系统不需要特意输入指令就可以自动检查内存,使硬盘载入系统。这种习惯性的动作一直到洗脸、刷牙、吃早餐。但是,如果报纸上有一条新闻吸引了你的注意力,比如“创业板股票持续下跌”,从这时开始,大脑程序正式启动,这就好像你在使用电脑了。比如打开了一个网页,人的大脑就会自动整理出所有关于股票的信息:原本我就想买创业板的股票,现在大跌,幸亏当初没有买进,这里只谈到了创业板,不知道地产板块怎么样?现在虽然鼓励大学生创业,但是创业的前景还是堪忧。简单点说，脑子里面此时会涌出一堆关于股票和创业板的相关信息，好像使用了搜索网站搜索了关键词“股票”和“创业板”，而人会用自己独特的浏览方式，挑选出自己最关注的信息，随后把这些挑选出的信息加工处理，得出自己的结论：创业板股票不能买，会赔钱的，现在创业也不是最佳时机，我这点儿钱还是考虑投资房产吧。

如果仔细观察自己的行为，不难看出，人的大脑里面的程序一直都在运行，从不间断。有一些你可以察觉到，比如对股票的判断；有一些则察觉不到，比如起床、吃早餐这种习惯性的行为，意识参与少，很难察觉到。有的程序编写已经很久了，比如吃饭，从刚出生那天起就有，一直潜在系统内运行；有的程序是刚刚才编写进去的，比如关于创业板股票的信息。对于大脑内新近编入的程序只能试试看，有效的话就存下来，如果不对，就会删除再重新调整。

这就是我们和这个世界互动的方式。刚开始时，我们就有一套被称为本能的原始系统，这是生存的基础。在这个基础之上，通过学习和生活，慢慢发展出属于自己的一整套独特的模式。这个模式并不是真实的世界，而是自己对世界的假设。这些假设构成的程序控制着我们的言行，不间断地运转。这些程序并不是在表面上运行，人也很难察觉到它的存在，就好像 WINDOWS 系统一样，程序的运行只有很少一部分会在屏幕上显示出来，大多数程序是在系统的后台运行，对于人而言就是在意识之外运行着。

所有程序都有优有劣，优秀的人能够编出清晰、简洁、不占内存并且直指目标的程序，有了这样的思想程序，就有与之相应的思维模式和心态，他们对事物会有全新的看法，面对同一个问题会有完全不同的更好的结论。

在很多人看来，优秀是一种良好的习惯。其实不然，优秀实际上是一套成熟且优质的心智模式。

二、心态来源于心智模式

有一对双胞胎兄弟，生长在同样的家庭中，接受同样的教育，可他们长大后，一个成功富裕，一个贫困且一事无成。截然不同的结局让人觉得不可思议，就分别问二人为何过上今天这种生活。他们竟然给出了同一个答案："没办法，谁让我摊上这样一个父亲呢？"原来他们的父亲是个酒鬼，酗酒成性，给他们的成长留下了深刻的影响，只是二人面对这样一个父亲时态度不同，就形成了完全不同的人生结果。

故事中的寓意已经很明了了，双胞胎兄弟，一个心态很好，一个心态很糟，导致一个成功，一个失败。面对这两兄弟的结果，我们也许会问：为何同样的条件下，会形成完全不同的心态？失败者也不是自甘失败，也有过挑战命运的心态，却被生活所磨灭；成功者之所以成功，也是因为有个挑战命运的过程，只是能长久地保持好的心态。

深究心态的背后，我们才能找到真正的症结所在。我们看到了两种不同的世界假设，而这两种不同的假设来自于一个问题：谁该为自己的幸福负主要责任？如果认为自己的幸福取决于自己，由自己来负责，那么父亲只是辅助的，他就会觉得现在的父亲不如人，想要和别人一样好，自己需要更加努力，他就会成功；如果认为自己的幸福取决于父亲，父亲不好，自己活得不好也是正常的，心安理得，他就会穷困潦倒。

形成两种不同心态的原因，在于对“我的幸福谁负责”的内在假设的不同。“我的幸福我负责”的人，在遇到自身成长环境不好的情况下，会更加努力，若外界条件好，也会踏踏实实，这源自好的心态；“我的幸福别人负责”的人，会忧心忡忡，怨天尤人也在所难免，这源自不好的心态。好坏心态的背后，是由对世界的不同假设而引起的。

当人听了一场成功学讲座后就会激动得摩拳擦掌，热情冷却下来后，一切照旧，原因何在？因为心态是一种态，如同水有液态、气态。处于激励的氛围里，再有老师的励志技巧，听讲座时热度自然就上去了，液态就变成了气态；离开了那个讲座，励志的氛围没了，热度没了，气态就液化为液态了。学会了成功者的态并没有学到成功的秘诀，秘诀在于他背后的心智模式。

听成功讲座的人很容易得到一个结果，那个结果就是心智模式的结果，但是得不到心智模式。程序运算得到数据，心智模式运算得到心态。如果只拿到计算结果，没有拿到程序，再遇到不同情况还是会束手无策。要想保留住心态，就要明白心态背后的心智模式。借改变心智模式来改变心态，是心态保留住的秘密。常听到一句话：“很多东西都是互通的。”移到这里也就是说，程序是一样的，只是运行的内容不同而已。这个程序到底是什么呢？就是心智模式，它是知识的知识、智慧的智慧。

齐白石曾说过：“学我者生，似我者死。”“似”就是仅仅在于表面上的相同，没有触及心智模式。

三、心智模式带有自身的局限

假设你遇到这么一种情况:你就业于某公司的一个部门,该部门共有三个人。由于人事调动,现在的部门经理被调离到其他部门,公司要在部门内部选择最好的一位员工升任经理。不过,你并不是最好的,而是在总体考评中排名第二。假如你热爱这份工作,而且想在这里长久地工作下去,你会怎么办?

选择1:拉拢老三,共同对付老大,把他压下去。

选择2:让老大和老三都不好过,背地里搞臭他们,自己得不到的,别人也别想得到,大家同归于尽,最多是空降个新人过来吧。

选择3:联合老三共同支持老大做经理。

你会选择哪一种?

按照经济学假设,人都是理性的,而且希望获取最大价值,按照这个理论做指导,你选择哪一种?

(1)假如部门内只有一个经理,并且是终身任职,你应该选择哪一种呢?

这时,第一种选择是合适的,因为在资源有限的情况下,独占性、终身制会限制你,一步慢就步步慢。要获取最大价值,就需要用这种 win-lose 模式。

(2)假如部门内只有一个经理,且你觉得别人的能力都不如自己,让他们做经理,管理只会更差。你应该选择哪一种?

此时第二种是最佳选择。在资源有限的情况下,不管是谁获得那个职位,对你都有害无益,宁愿谁也当不上经理,lose-lose 模式才是合适的。

（3）假如公司用人机制不限制于部门内部，且公司未来会有很多的职位空缺和机会，或者你的目标不是限于这个公司，你应该选择哪一种呢？

应该选择第三种。由于资源丰富，现在你帮助老大当上经理，以后他也助你一臂之力，在适当的时候帮助你去做另一个经理。要记住作此选择的最关键一点，你的行动不能暗地里进行，而是要让整个公司甚至整个行业的人都看到你如此优秀的品行，同事们就会愿意和你玩这种 win-win 游戏。

心智模式的源泉

心智模式如此重要，那么我们的心智模式从何而来？

简单说来，心智模式由本能和过去我们对世界的观察而得来，如果把人类的大脑比作电脑的话，物质的大脑就像硬盘，而心智模式就是硬盘里的所有东西。

一般认为心智模式有三种来源：

（1）自然世界，外界直接展现在我们面前，给我们对于外界的直接体验。

（2）概念模式，是间接体验，主要指从别人那里获得对于世界的认识。

（3）推论和归纳，依靠思维形成的结论。

也就是说，心智模式包括自己的感官体验、从社会中获得的信息和自己思考的结果。

举个感官体验形成心智模式的例子，我们日常生活中很常见，比如,小时候被狗咬过的人,一辈子会怕狗,这就是所谓的“一朝被蛇咬,十年怕井绳”。而儿时被爸爸妈妈带着抚摸过动物的人,会觉得动物非常友善,很容易喜欢上动物。

人生活的社会以及所接受的文化教育对心智模式的形成有影响。这个可以解释为何生活在不同社会环境和文化环境中的人有着完全不同的心智模式。

下面这个实验可以体现出教育与文化的差异。仅凭第一直觉把“牛、草、猴子”三件事物迅速分成两个小组,试试看,你会怎么分?

东方人倾向于把“牛、草”归为一组,“猴子”单独列为一组,原因是“牛会吃草”,牛和草存在着联系。美国人则倾向于让“牛、猴子”为一组,“草”单独列为一组,原因是“都是动物”。

东方人所关注的是事物之间的联系,而美国人更加关注事物的属性。人类所受的教育以及所生活的社会影响着人的心智模式。在中国的社会生活中多强调人与人之间的关系,以和为贵,枪打出头鸟。西方人则崇尚个人独特的品质。受这些因素影响的心智模式形成后,又在思想上影响我们:东方的文化倾向于实用主义和系统论,西方文化专注于本质论与实证主义。

类似的经历也会给人类似的心智模式,比如同是军人,性格中都有刚直的一面;属于同时代的人更容易互相沟通,有共同话题;对婚姻没有信心的人,大多成长在单亲家庭或是常遭受家庭暴力。这就是因为共同的经历形成了类似的心智模式。

心智模式的形成还与个人的推理有关。独生子女由于受到家庭的百般娇惯,就会以为自己就是家庭的中心,甚至以为自己是世界的中心,一切都是围着他在转。这样就会形成以自我为中心的心智模式，这种模式是不适合社会生活的。所以，这种人在社会生活中往往会吃大亏，只有吃几次大亏后才能够调整原有错误的心智模式。

人的体验、经历和社会、文化环境决定了自己的心智模式，心智模式又决定着人的命运，环环相扣，好像人的一生早已经被安排好了，这听起来实在让人沮丧。

其实，事实并不是如此。虽然我们不能改变决定我们心智模式的过去，却能改变自己对于过去的看法，这是心智模式的伟大之处。被誉为日本经营之神的松下幸之助回忆自己获得成功的原因时说：我获得成功，并非全依靠我个人的努力，而是在很大程度上受到了上天的眷顾，他赐给我三个恩惠，让我受益无穷。

第一个恩惠，我小时候家里很穷，穷到连饭都快吃不上了。托贫穷的福，我从小就尝到了擦皮鞋、卖报纸等辛苦劳动的滋味，并从中得到了宝贵的人生经验。

第二个恩惠，从一出生，我的身体就非常孱弱。托孱弱的福，我得到了锻炼身体的机会，这使得我到老年也能保持健康的身体。

最后一个恩惠，就是我文化水平低，因为我连小学都没毕业。托文化水平低的福，我向世上所有人请教，从未怠慢过学习。

穷困、孱弱和低学历的经历，对于人来说是不好的过往，却被松下的心智模式构建成生命中受益无穷的恩惠。不管你的过去如何，心智模式是可以调整的，而不是不可改变的。我们可以借助改变心智模式来重新认识过去，改变现在，创造新的未来。

人常年被心智模式控制，就失去了被控制的感觉，就像鱼儿生活在水中，并不觉得水是对自己的限制，反倒觉得自由自在。人都需要一个机会，让自己重新认识这个世界，改变以往对世界的印象。

在这两次对世界的认识中,会看到两个世界之间的差异,不同的人差异程度不一。有了差异体验,也就是比较,人才会开始慢慢地对自己想象的世界有所察觉,然后再去改变,这叫作后知后觉。

随着这种经历的增多,你对差异的解读会越来越快。就像4分钟内跑完1英里从而打破“1分钟之内不能跑完1英里”论断的班尼斯特,他在训练停滞不前的时候,马上能够采取对策,这叫作当知当觉。

我们可以做到在事情发生之前就意识到自己心智模式的不足,然后改变已有的心智模式,来应对将要面对的新情况,这叫先知先觉,是对自我的超越。

Chapter 4

以变应变，不断刷新自我

在这个世界唯一不变的就是变化，环境在变，我们也要跟着变，永远不要去试图寻找绝对的安全，因为那根本不存在。在这个世界上生存，要么改变环境，要么被环境改变，成为芸芸众生中平庸的一员。

世界每天都在变，你必须以变应变

这个世界每天都在发生着翻天覆地的变化。

这是一个需要每天更新的时代，就像我们的电脑一样，需要经常更新升级，才能更有效率地为我们工作。人也是如此，面对日新月异的变化，没有人是不可替代的，唯有以变应变——每天都要吐故纳新，摒弃旧思想，吸收新知识，才能让自己与时俱进，持续发展。反之，如果不能适应这种变化，一味地因循守旧，只会被社会淘汰，成为人生的失败者。

小雷永远都忘不了他和梁总的第一次见面。

十几年前，小雷还是北京海关的一名工作人员，梁总是香港一家唱片公司的总裁。梁总行事干练，他问起小雷现在的工作情况。小雷热切地告诉他，自己做梦都想进唱片公司。

梁总拿出一张白纸，迅速画了一张中国地图，在香港上画了一个他们公司的logo，然后迅速拉了一条细线指向北京。他以最简短的语言描绘了最具煽动性的未来：香港、北京、上海……公司的分部将迅速在全国铺开。"亚洲的未来中心不是别的地方，是这里！"他指了指窗外。然后，他把笔放在桌上，看着小雷，问了一句话："那好，现在我问你，你在哪里？"

小雷当时完全懵了。几小时前，他还在海关的办公桌上等待来来去去的货主办理通关手续；几小时后，他被这个问题彻底击倒。是啊，我是谁，我在哪里？

梁总话锋一转，讲起了他的身世，怎样从最底层一点点打拼，在竞争激烈的香港闯出了自己的天下。"你要知道十年以后你将成为怎样的人，清楚自己现在处在什么位置，然后建立短期目标，朝着十年后的目标一点点推进。北京的发展将会是惊人的，比十年前的香港还要快！你呢？"

这次谈话对小雷产生了重大的影响。此后不久，他从海关辞职。

外面的世界时刻在变化，我们必须跟着变，才能适应它。想想看十年后你将成为怎样的人？现在你处于什么位置？如果十年后你还跟现在一样，那只能说明你的人生太失败了，你最美好的光阴都已白白浪费。为了避免这种悲剧出现，你能够做到最好的事情就是，向这个世界充分展示全新的自我，释放能量。能量来源于我们的热情，热情来源于我们有所追求。

反之，如果不适应世界的飞速变化，就无法适应这个社会，自己也就无法立足社会。面对各种意料不到的变数，我们能做的只有努力跟上时代的脚步，通过改变自己的观念、想法，去积极地适应各种变化。

许多人都有一种"求稳怕变"心理，担心一旦打破现有生活状态，就会影响既有的稳定生活，内心深处对变化有一种恐惧感、忧虑感。

其实，这种担心大可不必。俗话说"树挪死，人挪活"，也许某种变化能给你带来全新的机遇，使你的人生、事业更上一层楼。有则寓言说：一只鸟儿单独栖息在沙漠中的一株枯树上，这是它唯一的栖身之所。有一天，骤起的风暴刮倒了枯树，可怜的鸟儿悲痛不已，只得飞到百里之外寻觅栖身之处。来到一片森林后，它发现原来这里才是真正的天堂。

每个人身上都有无穷的潜能，而得到开发的只是其中很小的一部分。很多人直到临终还未必知道自己还能做什么、什么才是自己最拿手的。因此，从某种意义上讲，生活的每一次变化，恰恰是一次挖掘自己、证明自己的良机。人生原本就是一个变幻莫测的过程，与其怨天尤人，何不用心去享受和体味每一次变化带来的挑战和乐趣呢？

NBC 著名电视节目主持人查理·琼斯早期专门报道奥运会中的田径项目，干得非常出色。突然有一天，老板告诉他，下届奥运会将派他去报道游泳和跳水。听到这个消息，琼斯既吃惊又担心。因为他对这两个项目完全不熟悉。后来,他尝试着适应变化,下功夫熟悉游泳和跳水。结果他惊奇地发现,原来在新的岗位上可以做得更好。老板也发现了这种变化,于是交给他更多富有挑战性的工作。后来,琼斯成了美国“职业橄榄球名人堂”最佳播音员之一。

由此可见,主动去适应变化的人,往往能在变化中获得更多的收获。

在安逸的环境下最危险

人生往往是在险恶的环境里最安全,而在安逸的环境下最危险!这表面上似乎违背常理,但是看看我们所经历的人生,你就会发现这些话一点都不假。当你发现自己和环境变得一模一样时,往往已经来不及了。

因为,此时你已经被周围的环境同化了。这种情况直接产生的后果是:很容易使一个人丧失斗志,没有了进取心,从而变得浑浑噩噩、一事无成。

有个年轻人就是这样,初涉入世时,干劲十足,理想远大。从学校毕业后,他还试着创业,但不到半年便宣布失败了,只好到了一家单位做事。这个单位待遇不错,事情也少,工作也没有压力。才经历过创业失败痛苦的他,第一次领略到日子的惬意。才不到三个月,同学见到他,都说他变胖了……

一晃眼,三年过去了,五年过去了,十五年过去了,同学再见到他，都惊讶于他的变化。他变得懒惰、温顺、颓废、暮气沉沉，年轻时的那种鲜活、锐气全都消失不见了。而他再想去闯出一番事业更是不可能了，只能在这个单位终老一生。

这个年轻人的变化或许是机缘巧合，因为他刚刚碰到失败的痛苦，信心大受打击，急于找到一个安身立命之地。当他身心俱疲之时，碰到待遇好、工作少、无压力的单位，心中的巨石放下，压力骤减，当然要好好地“休养生息”一番。但如此日复一日，不知不觉自己就被这安逸的环境改变了，而自己的人生也最终定格在这个地方。

事实上，环境会使人发生巨大的改变。在社会中，人只能适应自己的生存环境，却很难去改变它。因此，你要么不能适应环境，在其中忍受煎熬；要么调整自己，使得自己逐步适应环境、融入环境。在严酷的环境下，为了生存，绝大多数人都会激起斗志来改变命运，自己的性格也会因此而呈现刚毅、坚韧的特质。

但也有人改变环境不成，反而成为环境下的弱者，并呈现消极、软弱、悲观、自卑、绝望等负面的性格特质。久而久之，这种性格特质就会定型而难以改变，人也会逐渐丧失了信念和斗志。严酷艰难的环境使人保持清醒及自觉，而安逸的环境反而会造成一定的负面影响。人都是好逸恶劳的，这是人性中一个很重要的特征。

有的人每天东奔西跑，为的就是追求一个安逸舒适的环境。很多年轻人找工作，也总把“钱多事少离家近”的工作当作首选。但安逸的环境却很容易腐蚀一个人的斗志，麻痹一个人的神经，瘫痪一个人的自觉、自省能力。

久而久之，人就在环境的吞噬下成了一个寄生生物，一旦离开了这个温室一样的环境反而会变得不适应。虽然有些人的警觉性很高，很快就脱离了这个环境，但绝大多数人都会陷入这样的机制中：刚开始满意这个安逸的环境，接着会有一点矛盾，继而被环境"招降"，最后与环境合而为一，成为环境的一部分。因此，是一个安逸舒适的环境，就会造就一批懒懒散散的人。这样的人和温室中的花花草草一样，毫无生命力。

有一部电影叫作《肖申克的救赎》，说的是一位在牢房里待了大半辈子的老人拒绝出狱，却想留在狱中的图书馆中当管理员。半个世纪的牢笼生活彻底改造了他，他早就和这座监狱结合在一起，成了环境的一部分。他熟悉监狱中的生活规则，和监狱的牢友相处融洽，对环境适应得很好。但等他出狱的那一天，他却害怕面对新的环境，反而无法适应。最后的结局是，他出狱没多久就自杀了。虽然这只是一部电影，但它所描述的事例却是非常符合人性的。

人都是有惰性的，都喜欢安逸的生活。但是，当你远离了一切危机和苦难，不再为生存而奔波劳累，甚至不须为未来担心，这样的生活是否就是天堂呢？也许下面这个故事，能给你一个明确的答案。

有一个人死后，在去寻找天堂的路上，遇见了一座金碧辉煌的宫殿，宫殿的主人请他留下来居住。

这人说："我在人间辛辛苦苦忙碌了一辈子，现在只想吃，只想睡，我讨厌工作！"

宫殿主人答道："若是这样，那么，世界上再也没有比我这里更适合你居住的地方了。我这里有山珍海味，有舒服的床铺。而且，我保证没有任何事情需要你做。”

“啊，这正是我要寻找的天堂呀！”这人高兴地说，于是便住了下来。

开始的一段日子，这人吃了睡，睡了吃，感觉非常快乐。可渐渐的，他觉得非常空虚和无聊，并且这种感觉越来越强烈，简直无法忍受下去了。于是他就去见宫殿的主人，抱怨说：“这种每天吃吃睡睡的日子过久了也没意思，我现在是脑满肠肥了，对这种生活已经没多少兴趣了，你能不能给我找份工作？”

宫殿的主人答道：“对不起，我们这里从来就不曾有过工作。”

又过了几个月，这人实在忍不住了，又去见宫殿主人：“如果你不给我工作，我宁愿下地狱，也不愿再住在这里了！”

宫殿主人轻蔑地笑了：“你以为这里真是天堂吗？事实上，这里本来就是地狱啊！”

看来，过分安逸的生活不但消磨人的意志，使人停滞不前，甚至会造成更大的危害。这种没有任何危机意识的状态，会造成极端的空虚和无聊，而无聊正是人生的地狱。

如果你给我一个天堂，永远不愁吃、不愁穿，而且不需要工作，那就是地狱了。

事实上，天堂是有苦难的，正如这个世界也是有苦难的，而战胜这种苦难的过程，却会产生一种无可替代的快乐。

想要升职，就先让自己变强大

俗话说“人往高处走”，想尽办法向上升迁是无可厚非之事。但升职这件事并非你想升就能升，你必须具备有助于升迁的条件。换句话说，只有让自己变得更强大，更有能力，你才有资格爬得更高。能力是一把梯子，决定你能爬多高。

当然，能力并不是个简单的概念，主要由以下四个部分组成：

（1）技巧：能将困难或复杂的技术简单化。

（2）知识：具备有关的、已经组织好的信息，而且能够运用自如。

（3）态度：表现出高水准的积极的情绪倾向和意愿。

（4）信念：对自己完美的表现有信心。

假设你是一个普通职员，想爬到主管位置上，那么，你现在的专业技能显然不够用。你需要具备相应的管理能力，以便管理下属；还需要熟悉相关部门，以便跟他们合作，等等。如果这些能力还不具备，就应该尽快学习。等爬上去再学习的想法是错误的，谁愿意将某个职位交给一个暂时还不能够胜任的人呢？只有那些任人唯亲的人才会如此。

并非所有能力都有助于你的发展，也没有一种能力可以适用于所有职业。寻求新的发展，意味着获取新能力，而且必须以事业为主，必须清楚自己所必需的能力，以及促使自己表现非凡的能力。

如果你想获得升迁，不妨使用下面的个人发展技巧：

（1）明确地认识下一个职位目标。

（2）把此刻在你想要获得的职位上的人列出来。

（3）尽可能客观地按表现“成功”和“不成功”将他们分类。

（4）分别去认识表现成功和表现不成功的人。

（5）尽可能弄清他们成功或不成功的原因。

（6）问明哪种做法有助于成功，并仔细地把这种做法的特点写下来。

（7）比较“最好”和“最差”的做法，看看它们差别在哪里。

（8）在工作机构外，观察你所崇拜的表现成功的人士，以得出结论。

（9）参考教科书、自传等，以便获得不同的看法。

（10）把所崇拜角色的突出能力详细地写出来。

（11）把所需的能力和自己目前的能力做个比较，并为填补这道鸿沟而拟定行动计划。

（12）能力分析的关键在于对业已扮演该角色的人士做详细研究，这就需要观察并积极倾听他人的叙述。希望出人头地是无可厚非的，但这却不是个人的事情。当你在节节上升之际，无形中会与其他同事竞争，这时候知己知彼就显得尤为重要。

在这个日新月异的时代，面对变化，你可以抱怨；面对变化，你可以浮躁；面对变化，你也可以一直等待……但这都是你的初始表现。对于周围事物的变化，我们更需要有一颗包容和理解的心，尽快适应新变化，也许这个变化恰好是你发展之路的起点——一扇成功之门正向你打开呢！

Chapter 5

重塑自信，你是职业舞台上唯一的主角

一个人失去了自信，就像一条鱼离开了水面一样可怜。他只能眼睁睁看着别人在职业舞台上表演，而自己永远只能做个看客。其实，这一切是完全可以改变的。只要永远坚信这一点，你是职业舞台上唯一的主角。你可以使你的“舞台生涯”变成一部悲剧，也可以使它成为一部喜剧——关键看你如何“表演”。你的“表演风格”不但能改变台下观众对你的认可程度，甚至还能改变你自己的命运。

破解囚禁自我的咒语

我的第一个老板，是一个要求非常严格的人。而我，却生性懒散，始终抱着“不求有功，但求无过”的态度来对待自己这份可有可无的工作。

有一次，老板把我叫到办公室，非常严肃地说：“小赵，你知道我对你的看法吗？你是一个天生喜欢抱怨的人，不断地为失败找借口，所以你一直遭遇失败。你很少积极地想办法去解决问题，从来不认为积极主动地完成工作是自己的责任，却将抱怨和找借口视为理所当然！”

我虽然没有立即反驳，但对这个评价很不以为然，自己难道真像他说得那么不堪吗？

老板笑了笑，继续说：“你的聪明才智应该用来思考如何更好地完成工作，而不是整日抱怨，把大好的光阴白白浪费掉了。甚至，当你不愿意去做一件事情时，早在做它之前，就已经想好了借口。”

终于，我忍不住小声抗议道：“我没有，有的工作确实超出了我的能力范围！”

老板不紧不慢地说：“难道我说错了吗？你最常见的借口就是：‘我已经很努力了，但这种产品太没有名气了’‘我真是没有办法了，谁让对手太强了’‘我真的尽力了，不过我们的产品太贵了’‘我有什么办法，公司知名度那么低，谁会买咱们的商品呢’……”

我有些脸红了，这些的确是我的口头禅。

老板继续揭发我：“当你没有做好上司交代下来的工作时，就会说：‘这工作我本来就做不了，他以为我是哈佛毕业的吗’‘都怪他没有安排适合我做的工作，他就不能发现我的优点吗’‘唉，都是环境不好’‘别的同事都不配合我，我怎么干得完呢’‘他把我当成万能的主了，这种事情是我干得了的吗？’……”

我不得不承认了，但是仍然抗议说：“这有什么奇怪，就连我的上司们，也会出现诸如这样的借口：‘这个项目我真的尽力去做了，但我手下的员工太笨了’‘我不能同时做好几件事情的呀，他们也不帮帮我’‘真让人头疼，这些人太难以沟通了’……”

老板叹了口气："你说得很对，你们如此煞费心机地找借口，却无法将工作做好，这实在是一件非常奇怪的事情。如果你们肯将一半的精力和创意用在工作上，一定能够取得卓越的成就。你不妨反过来思考，既然你这么善于寻找借口，那么试着将找借口的创造力用于寻找解决问题的方法，也许情形会大为不同。"

老板的话深深刺痛了我的心，我不得不开始反思了。

是的，多年来，我有一种难以言说的深深挫败感，总觉得自己是一个失败的人。作为从一家高等院校毕业的我，甚至很少触及自己专业领域，怕唤醒自己学无所用的痛苦。每逢看到自己那些同学们纵横驰骋在职场，在事业上取得一个又一个耀眼的成就时，自己心态就变得相当晦涩，像泰坦尼克号一样，迅速沉到冰冷的海底。

这个心态就像一个可怕的咒语，一直囚禁并折磨着我，直到此时，我才彻底解除了对自己的精神折磨，解放了我的心灵。

放弃本专业不是问题，问题在于你是否找到了值得你投入全部力量的新的奋斗领域！问题在于你在这个领域里做得怎样！问题在于你是否享受你所改行的事业！是的，确实就是在这一瞬间，我从心灵深处，破解了囚禁我很多年的自己给自己的"失败者"的咒语，释放了自己心灵深处自信自爱的涌泉，使之滚滚喷出激情创业的激流。我对天发誓，要在自己从事的这个领域里，做出和同时代的杰出者一样伟大的成绩来。

时代巨变，职场巨变，人生机会也瞬息万变，以不变应万变——不变的是自己追求成功的意识和意志，应变的是自己发现机会、适应机会、捕捉机会以及咬定机会的能力。这是 21 世纪人才成功最重要的要素，也是企业、组织、民族、国家乃至整个世界繁荣发展的基本教义。

在蓝海战略、长尾理论这些说法出笼之前，我就随机应变、急流勇退、给自己开辟出了一片滔滔蓝海了……这一切的起点，都来自于我善于摆脱“失败”暗示、在残酷的现实挑战面前能够自我调节、努力适应，培养一个多看光明、求胜好斗的美丽心态。

面对失败，与其抱怨，与其挖空心思地去找借口，不如积极地寻找方法，建立全新的工作模式。其实你完全有能力将工作做到最好。

任何时候，都不要自我设限

一个人的能力，好像水蒸气一般，不受任何拘束，没有限制。除了你自己，谁都无法把它装进固定的瓶子里。你如果把所有的能力都发挥出来，其能量无疑是非常巨大的。

然而事实上，这种情况非常少。

有个小孩子总被另一个大孩子欺负，经常被打得鼻青脸肿。

每次挨了打，小孩子就哭哭啼啼地跑回家，向母亲述说委屈。母亲十分气愤，对他训斥说：“你这个笨小子，怎么不反抗呢？去，把那家伙揍趴下！”

“我不敢，”孩子哭着说，“我打不过他。”

“唉，你这个胆小鬼。”母亲摇摇头。

后来，小孩子长大了，而且身强体壮，但他仍然受着那个大孩子的欺负。尽管他足足高过大孩子一个头，可仍然不敢反抗。

有一天,小孩子的母亲出门买菜。在大街上看见了儿子,只见人高马大的他竟蹲在地上,双手抱头,任凭一个小个子拳打脚踢。

"儿子,站起来!"母亲气得大叫,"你要像个男子汉,快还手啊。"

听到母亲的呼唤,儿子猛然跳了起来,一拳就把小个子打倒在地。小个子逃走了,可儿子仍然傻愣愣地站在原地,不知所措。那个小个子就是以前欺负他的大孩子。

"原来,我可以打得过他。"儿子对母亲这样说。

因为自卑,人们总是给自己的能力设定一个界限。一旦超越,就惊讶得不得了:"怎么回事,我根本做不到的呀?也许是运气太好了吧。"

于是,你把所有的成功归结于运气。当下一次遇到相同的机会,你仍然没有信心去抓住它。你只是想,上次只是运气而已,这次恐怕不会再成功了吧?万一失败了怎么办?

你彷徨,你犹豫,然后机会早已经逃之夭夭了。

相信自己的能力,无论任何时候都不要自我设限。如果每当遇到困难,你总认为自己的能力无法克服,久而久之,任何困难都能把你打倒。

当你害怕大狗时,一只小狗也敢过来咬你一口。

不要自我设限,更不要以为自己永远无法成功。就算你现在事业无成,也要相信自己的能力其实与那些成功者不相上下。

一个成功者处理任何事时绝不会吞吞吐吐、模棱两可。他全身都充满了魄力,因此他不必依靠他人,而能独立自主。那些毫无成就的人既无自信心,本身的能力又非常欠缺,他的姿态总是一副日暮途穷的样子，他的谈吐和工作处处表示他已无能为力了。

自信心对于事业简直是一种奇迹，有了它，你的才干就可以取之不尽，用之不竭。相反，一个没有自信心的人，无论他有多大本领，也不能抓住任何机会。他遇到重要关头，总是不肯把所有的本领都表现出来，明明可以成功的事，结果却往往弄得惨不忍睹。

从“不可能”到“一定能”

接到任务，不要动不动就说“不可能”。面对工作，你只能有一个信念，那就是“一定能”！有了这种心态，任何难题都会迎刃而解。

其实，很多事情，虽然表面看起来不可能成功，但只要努力去做，十有八九会成功。因为很多看似“不可能”的工作，其困难只是被人为地夸大了。当你冷静分析、耐心梳理，把它“普通化”后，你常常可以想出很有条理的解决方案。

于是，人们常常感慨道：“原来成功并没有想象得那么高不可攀！”

在自然界中，有一种十分有趣的动物叫作大黄蜂。曾经有许多生物学家、物理学家、社会行为学家联合起来研究这一种生物。

大黄蜂之所以引起这么多学者的关注，就在于它特殊的体态。根据生物学的观点，所有会飞的动物，其飞行条件必然是体态轻盈、翅膀十分宽大；而大黄蜂这种生物，却正好完全相反。它的身躯十分笨重，而翅膀却是出奇的短小。依照生物学的理论，大黄蜂是绝对飞不起来的。物理学家则强调，从流体力学的原理看，大黄蜂因为其身体与翅膀的比例，绝对没有飞行的可能。总之一句话，大黄蜂这种生物，根本是不可能飞得起来的。

然而，只要是正常的大黄蜂，却没有一只是不能飞的；甚至于，它们飞行的速度并不比其他飞行动物差。这种现象，仿佛是大自然和科学家们开的一个很大的玩笑。

最后，社会行为学家找到了这个问题的答案。很简单，那就是信念。

每一只大黄蜂在成熟之后，本能就让它很清楚地知道，它一定要飞起来去觅食，否则就必定会活活饿死！这正是大黄蜂之所以能够飞得那么好的奥秘。

我们来设想一下，如果大黄蜂能够接受教育，学了生物学和流体力学，很清楚地知道了自己身体结构与翅膀的设计完全不适合飞行，那么，这只学会告诉自己“不可能会飞”的大黄蜂还能够飞得起来吗？

为了回答这一问题，我们不妨拿另一个故事来作为参照。一只鹰从小就生活在鸡窝里，所有的鸡都告诉它“你不可能会飞”。结果这只鹰就真的丧失了飞行能力，它像一只普通的鸡一样度过了平凡的一生。

所以说你怎么看待这个世界并不是那么重要，最重要的是你如何看待自己。因为你对自己的看法决定了你对这个世界的看法。

事实上，人有许多潜在的能力，只有到了紧急情况下才有可能发挥出来。在日常生活中，这些紧急能力是潜伏着的。只要你有足够的信念，就一定能将这些潜能发掘出来。

当亨利·福特决定生产著名的V-8型汽车时，他选择制造一组

8缸发动机，并指示工程师们去设计这种发动机。工程师们同意照办，可设计一直都停留在纸上，因为在他们看来，要把8个汽缸放在1个发动机内对任何人来说都是不可能的。

福特说："无论如何都要生产出来。"

"但是，"他们回答，"这是不可能的！"

"接着干，"福特说，"我需要它，我会拥有它。"

他们只好继续试验，好像受到某种魔力的冲击，通过一年多的辛苦工作，尝试了各种方法，最后他们终于找到了秘诀。

可见，要想走出"不可能"这一自我否定的阴影，你必须有充分的自信。相信自己，用信心支撑自己完成在别人眼中不可能完成的工作。

当然，在灌注信心的同时，你必须了解这些工作为什么被认为"不可能完成"。针对工作中的种种"不可能"，看看自己是否具有一定挑战能力，如果没有，先把自身功夫做足做硬，"有了金刚钻，再揽瓷器活儿"。须知道，挑战"不可能完成"的工作常有两种结果，成功和失败。而你的挑战能力往往使两者只有一线之差，不可不慎。

即使离开，也要保持你的自信

当过兵的朋友，想必都听过这样一句话："铁打的营盘流水的兵。"其实，军队如此，职场又何尝不是如此？职场是一个非常活跃的地方，人才流动也属平常。但很多人却不能适应这种变化，他们在这个变化的职场中显得彷徨失措。

于是,他们不可避免地陷入了职业彷徨期,不知道如何才能求得新发展,缺乏工作动力,对未来失去信心,内心充满了抵触情绪。有些思想偏激的人,甚至对即将离开的公司做出种种报复行为。这不但是职场缺氧的表现,更是不自信的表现。

大学毕业后,叶子应聘到一家贸易公司。初来乍到,要学习的东西很多,每天忙忙碌碌,除了专注眼前的工作,根本无暇顾及他人。但是就在叶子来公司半年后,她的目光第一次被工作之外的事情吸引了——曾带过叶子的董姐辞职了。

而叶子注意到这件事的原因,是董姐在离职时竟然发泄私愤,把电脑里的文档资料、合同底稿、企划文案等全部删掉了,留给继任者的是一部格式化了的电脑。继任者要什么没什么,一切从头做起,连续几天加班,苦不堪言。

不仅如此,临走时,她还对叶子们这些后来者出言不逊:“你们也别在这里卖命了,卖命的结果肯定跟我一样,不,比我还惨!”

因为她曾经带过叶子,领导让叶子转告她,她的移交手续没有办清,请再来一趟。叶子打电话给她,婉转地请她来一趟。谁知,她怒气冲冲地对叶子说:“告诉他,让他死去吧。”叶子握着电话目瞪口呆。

董姐的走,让叶子见识了什么叫职场上的怨妇。

转眼三年过去了,叶子也从一个没有任何工作经验的青涩毕业生成长为一个业务熟练的资深员工。然而,随着一场经济危机的到来,公司不得不大规模裁员,叶子也被划入了被裁员的行列。

从接到裁员通知的那一刻起,叶子就开始不动声色地准备离职了。想到自己刚出校门便进入这家公司得到锻炼，叶子心里对领导、对公司充满了感激，当晚叶子写了一封感谢信，信中充满对老总、同事以及团队的感激之情。第二天，叶子将辞职书以及感谢信递给老总，说："王总，这几年，我跟随您成功地打赢了好多场商战。在这里，我不但提高了业务能力，还学到了许多做人的道理。虽然现在不得不离开，但我希望能在临走前，把我的感谢信在例会上读一读……"

那天，叶子还根据自己三年细心的观察，针对具体情况给公司提了一些意见和建议。老总边听边点头，听完后，他感动地说："一个即将离职的人临走前还对公司的事务这么上心，真是难能可贵。"

公司规定，员工在离职前，有义务培养好接替离职员工的人选。为了降低辞职可能给公司带来的损失，叶子根据老总的指派开始重点培养一个接替叶子的员工。叶子热情地传、帮、带，短短一个月的时间，这个员工基本上就可以顶替叶子的日常工作了。

离职的日子越来越近，叶子更是早到晚归，想站好最后一班岗。她不但提前培养出了接班人，并把工作打理得井井有条。当时临近年终，公司还把叶子的年终奖金提前发了。

按照叶子与老总的约定，在周五下午的例会上，老总将公布叶子离职的事情，同时由叶子宣读感谢信。叶子的离职让大家很意外，但是叶子的感谢信让每个人都感到了温暖。以至于在读感谢信的时候，她好几次都被大家热烈的掌声打断。老总破例在会议上宣布："感谢小艾这几年给公司做出的贡献，这个月的公司聚餐提前到今天下午下班后，算是给小艾饯行。"用聚餐的方式给辞职的员工饯行，这在公司还是第一次。

饭后，叶子给大家鞠了一躬，算是正式告别。离开不久，叶子收到同事的手机短信："小艾，同事们一致认为你转身离开的姿势非常优雅！"

很多人由于被公司辞退，而使自信心变得支离破碎，其实这完全没有必要。职场充满了各种不确定因素，一个员工被辞退有很多原因，并不能完全归咎于能力不行。所以，你完全没必要因为一次离职而对自己失去信心，更没有必要自暴自弃。

即使离开，你也要保持你的自信。

跨越自卑，做人生的主宰

有一人身为董事长，每次开董事会的时候，他却总是蹑手蹑脚地走进会议室，就好像是一个无足轻重的人，就好像他完全不胜任董事长的职位。他甚至还感到奇怪，自己为什么在董事会中威信这么低，竟然很少有人尊重他！

他没有意识到，这正是因为他给自己全身都贴满"降价"的标签！每天他都像一个无足轻重的人那样立身处世，给人的印象是这样不自信，如何能得到别人的尊重?。

世人因自卑而痛苦者往往如是！

无数事实证明，很多人之所以会失败，就是因为他们太自卑。他们总是忍不住问："像我这样的人也能成功吗？"有的人竟然这样认为："假如我也能发财，那全天下的人都会发财了。"这样的人，实在傻得可怜！

因为自卑，总认为自己不行，所以他们做起事来畏首畏尾，"我不行”、“我干不了”成了他们习惯性的思想。其实，他们并不笨，也不是没有才能，只是心中对自己没有一个客观的评价，盲目地否定自我，从而丧失了信心，以至于对目标浅尝辄止。

实际上，只要跨越了自卑，你就能成为人生的主宰。

法国大文豪维克多·雨果曾被当权者驱逐出境，流落到英吉利海峡的泽西岛上，同时又病魔缠身。而更可怕的是，他还被深深的自卑困扰着。

在那段日子里，雨果每天都久久地坐在能够俯瞰海港的一张长椅上，凝视落日，陷入冥思苦想之中。然后，他总是缓缓却坚定地站起来，在地上捡起石头，一块块地掷向大海。掷完了，就带着满足的心情和变得开朗的神情离去。

他天天如此，终于引起了人们的注意。

一天，一个大胆的孩子走上前来问他：“为什么你要跑来这里，向海里投这么多的石头？”雨果沉默了一会儿，然后严肃地说：“孩子，我扔到海里的不是石头，我扔掉的是‘自卑’。”

雨果终于没有让那无益的自卑夺去自己的斗志，而是用自信战胜了它，从而战胜了逆境，成就了自己的事业。

雨果使用了一个极为聪明的方法，他借助有形的石头将无形的自卑感扔进了大海，同时也将那些长久以来困惑他的不安感驱逐殆尽。结果，他也确实转变了自己的观念，并让他的潜在能力也获得了自由地发挥。

只要扔掉自卑，拥有自信，你就有了前进的勇气与力量，就有了奋斗的动力，从而能克服重重困难，战胜失败与挫折，最终达到成功的彼岸。

梁启超说：“凡任天下大事者，不可无自信心。每处一事，既看得透彻，自信得过，则以一往无前之勇赴之，以百折不挠之耐力持之。虽千山万岳，一时崩溃而不以为意。虽怒涛惊澜，蓦然号于脚下而不改其容。”信心的力量是如此巨大，有了自信，就有了顽强的精神和意志，从而能战胜自己，战胜重重困难。

一个自信的人，在前进的道路上，总能不畏险滩、不畏暗礁，从容不迫，跌倒了顽强地爬起来。只有这样的人，才能获得成功的青睐。

记住，跨越自卑，你就是人生的主宰。

一个人有了信心，就没有做不成的事。卢梭说：“自信心对于一个人的事业简直是奇迹，有了它，你的才智就可以取之不尽。一个没有自信心的人，无论有多么大的才能，也不会有成功的机会。”

经营自身，改变你的世界

一人一世界，就是说，每个人眼中的世界都不相同。

穷人的世界到处都是贫穷，富人的世界满是财富；失败者的世界充满了凄风苦雨，成功者的世界到处是鲜花和掌声。

然而，每个人的世界也并不是一成不变的。穷人可以通过努力，拥有充满财富的世界；失败者也可以走向成功……你需要的只是足够的自信。

现在，你是在为自己工作，同时你也热爱自己的工作，并且你准备通过工作来改变自己的人生。但你也许还缺少一点自信,这也是很多人最终半途而废的原因。

如果你对自己没有信心,对工作没有信心,那么,即使有再大的热情,也会被一次次挫折和失败的冷水所浇灭。

一个人成就的大小,取决于其自信程度。如果拿破仑没有自信,那他的军队决不可能成功地翻越阿尔卑斯山;如果刘翔没有自信,那他也不可能在奥运会上夺取110米栏金牌。同样,如果你怀疑自己的能力,对成功的信心不足,那你的一生也不会成就伟大的事业。可以说,自卑被自信超越之日,便是生命之花怒放之时。

那么,一个人如何建立自信呢?

方法有很多,比如,你可以记住、理解并时常重复着说:我是最棒的,我一定能成功!这是自我暗示的一种形式,是取得成功的一句自我激励语。

让我们来看看英语狂人李阳是怎样建立自信,并改变自己的世界的。

李阳原本性格封闭,最不爱当众说话,但又渴求当众说话。为了改变自己的世界,他决定用英语挑战自我。

他的激励语与众不同:I enjoy lose face!(我热爱丢脸!)现在看来,李阳的成功秘诀正是不怕丢脸!他说:"成功人的常态在普通人看来就是变态。"

为了战胜不敢当众讲话的自卑感,李阳把自己的学习心得写成40多页的演讲稿,要在全校师生面前大声演讲。他让同学贴出海报,说有一个叫李阳的小子要开一个英语学习讲座。

那天晚上,用李阳的话说是"紧张得想呕吐"。可他还是登上了讲台,气喘吁吁地完成了演讲。想不到,这次演讲居然一举成功了!此后,他又走出校园进行了几十场演讲,一下子成了校园名人。

你是否相信自己的能力呢?如果你的回答是否定的,那你将无法获得真正的成功,更不可能得到真正幸福。因为健全的自信往往是导致成功的关键,而自卑感和无能感却常常是达到目标或希望的障碍;与此相应,自信会帮助你发挥更大的潜能,以实现愿望。

效率第一,职场不需要"愚公"

每一个成功老板的背后,必定有一群能力卓越、忠心耿耿且业绩突出的员工。没有这些成功的员工,老板的辉煌事业将无法继续下去。

而对于员工来说,业绩也是职场生存的有力保证。

所以,在工作中一定要讲究效能,第一次就把事情做对,做到位。与其把今天可以完成的任务千方百计地拖到明天,还不如用这些精力把工作做完。而任务拖得越后就越难以完成,做事的态度就越是勉强。在心情愉快或热情高涨时可以完成的工作,被推迟几天或几个星期后,就会变成苦不堪言的负担。比如,在收到信件时没有马上回复,以后再捡起来回信就不那么容易了。许多大公司都有这样的制度:所有信件都必须当天回复。

古时有个愚公移山的故事,说愚公面山而居,他在九十高龄时,决定开山修路,于是谱写了一个子孙相继、不畏艰难移山的悲壮故事。愚公精神曾鼓舞了中国历代勤劳勇敢的人们。

但是,社会正在以不可预料的速度向前发展。21 世纪,以"愚公”的速度开山修路无疑已经难以适应时代的发展了。于是，速度和效率成了一个企业重要的核心竞争力。下面的故事形象地说明了效率对一个企业的重要性：

狮王要毛驴负责开垦一块500亩的荒洼地。

毛驴接到命令后马上行动起来，它领着众毛驴们起早贪黑，干得非常起劲。

过了几天，狮王前来视察，看后对毛驴说：“怎么这么长时间了，还没开垦出来，要抓紧时间，争取下个月完成。”

毛驴一听傻了眼，自己没日没夜地干，还落个不是！

下个月完成？这怎么可能呢？还剩下这么大一片呢……

毛驴整天愁眉不展，茶饭不进，又加上日夜操劳，瘦了一大圈。一天，一只狐狸悄悄来对毛驴说：“毛驴兄，你干活也要讲究点策略。你没见狮王每次来都在公路上转一圈便走吗？什么时候到地里去看一次了！你若听我的，先把路边的地开垦好了，至于里边的，你再慢慢来嘛！”

“唉，也只好如此了！”毛驴无奈，便听从了狐狸的建议。只把路边的地开垦了出来，并种上了庄稼。

一个月后，狮王又来视察，它看见地已开垦出来，庄稼也已长出了小苗，很高兴，当即表示奖励毛驴十万元钱。

毛驴用这些钱雇了几十台机械，把余下的荒地也开垦了出来。

第二年，毛驴因“业绩突出”，被调到了狮王府。

我们在工作中经常会遇到像“小毛驴”这样的情况：费力不

讨好。

职场是靠实力说话的地方，在这里，做出业绩才是硬道理。因为出众的工作业绩更能证明你的能力，体现你的价值。经验、资历与努力固然重要，但这并不是衡量能力的标准；辛苦和努力，虽然值得同情，但是没有价值。唯有辉煌的业绩和出类拔萃的能力，才是衡量一名员工价值的唯一标准。在职场里再怎么辛苦忙碌，如果没有功劳，也只能徒劳无益。

老板都希望自己的员工能创造出丰硕的业绩，而绝不希望看到员工工作卖力却成效甚微。即使你费尽了全部的气力，如果做不出一点实绩，那也是没有用的。仅仅会埋头苦干、不问绩效的“老黄牛”的时代已经过去了，企业更需要能插上效益翅膀的“老毛驴”。

埋头犁地的老黄牛，勤恳作业，可是不抬头看路，错了方向，那么一天的劳动岂不是付之东流？我们想做什么？能做什么？别等别人来问，要先问好自己。

事实表明，既能跟老板同舟共济，又业绩斐然的员工，是最令老板倾心的员工。如果你在工作的每一阶段，总能找出更有效率、更经济的办事方法，你就能提升自己在老板心目中的地位，将会被提拔，会被实际而长远地委以重任。因为出色的业绩，已使你变成一位不可取代的重要人物。如果你仅仅忠诚，总无业绩可言，尽忠一辈子也不会有什么起色，老板不可能重用你，因为把重要而难办的事交给你他不放心。更进一步讲，受利润的驱使，再有耐心的老板也绝难容忍一个长期无业绩的员工。届时，即使你忠贞不贰，永不变心，老板也会变心，甘愿舍弃有忠诚无业绩的你，留下业绩突出的员工。

细节制胜，不要输在小事上

职场无小事，小事成就大事。作为一名员工，无论在什么岗位上，只要用心去做每件事，都能体现自己的价值。任何人所做的工作，都是由一件件小事组成的，不能对工作中的小事敷衍应付或轻视懈怠。记住，工作中无小事。所有的成功者，他们与我们都做着同样简单的小事，唯一的区别就是，他们从不认为他们所做的事是简单的小事。

人生、事业、爱情、家庭的成败往往也出在一些小事情、小动作的处理上。就像一座宏伟的建筑，建筑设计方案恢宏大气，但如果对细节的把握不到位，就不能称之为一件好作品，甚至会因某一个细节的疏忽而带来不堪设想的后果。

苏联有个一心想当飞行员的小男孩谢夫卡，他曾找过一位名叫格罗莫夫的将军，问他怎样才能成为一名飞行员。这位功勋飞行员、空军上将没有直接回答这个问题，却带他去郊外玩，回来后对谢夫卡说：“我们认识只有一天功夫，然而有四件微不足道的小事妨碍你成为一名飞行员：你找我的时候，只知道敲门，却没有发现墙上的门铃；在车站你忘了自己的车票搁在哪里；在让你记录地址时，你竟不知道自己身上是否带有笔；你把我的住所门牌号记错了。”

接着他又说：“人们会把一架飞机交给这样一个漫不经心的人吗？如果他在飞机驾驶舱里，很可能不会发现仪器的指示信号或者忘了在着陆时放下起落架……”他拍了拍谢夫卡垂下的头说：“不要灰心，我建议你每天干好哪怕一件这类微不足道的小事，因为在飞行中往往因错、忘、漏，哪怕是一个小小的开关、一个手柄、一个小动作，都会造成严重的飞行事故。"

工作中无小事，要想把每一件事情做到无懈可击，就必须从小事做起，付出你的热情和努力。士兵每天做的工作就是队列训练、战术操练、巡逻排查、擦拭枪械等小事；饭店服务员每天的工作就是对顾客微笑、回答顾客的提问、整理清扫房间、细心服务等小事；公司中你每天所做的事可能就是接听电话、整理文件、绘制图表之类的小事。但是，我们如果能很好地完成这些小事，没准儿将来你就可能是军队中的将领、饭店的总经理、公司的老总。反之，你如果对此感到乏味、厌倦不已，始终提不起精神，或者因此敷衍应付差事，勉强应对工作，将一切都推到"英雄无用武之地"的借口上，那么连你现在的位置都会岌岌可危。在小事上都不能胜任，何谈在大事上"大显身手"呢？没有做好"小事"的态度和能力，做好"大事"只会成为"无本之木，无源之水"，根本成不了气候。

不要小看小事，不要讨厌小事，只要有益于自己的工作和事业，无论什么事情我们都应该全力以赴。用小事堆砌起来的事业大厦才是坚固的，用小事堆砌起来的工作才是真正有质量的工作。"勿以善小而不为，勿以恶小而为之。"细微之处见精神。有做小事的精神，才能产生做大事的气魄。因为成功就藏在每天细小而琐碎的工作中。

劲舞吧，这是你的舞台

职场就像一个大舞台，无数演员在这里展现着各自不同的人生，有的精彩，有的平庸；有的光芒四射，有的默默无闻。但很多人站在这样一个舞台上，却茫然不知所措，只会消极地听从老板的指挥，自己似乎永远是个配角。其实，这种态度大错特错，没有人能够完全支配你，你才是职业舞台上唯一的主角。

投身职场，一定要树立正确的价值观和职业观：你才是自己人生事业的老板，你的上司或老板不过是为你提供了平台的“剧院老板”。这台戏的主角当然是你，能否赢得鲜花和掌声，完全取决于你的演出质量。你要对自己有充分的信心，积极主动地对待自己的工作。

生活中，很多人对工作不满意，他们抱怨薪水太低、没有发展前途等，总觉得现有工作已不值得留恋。特别是工作不久的员工，在单位接触的是一些平常工作，就觉得平平淡淡的生活对自己是一种折磨，真是怀才不遇。再看看周围比自己干得好的同学、朋友，跳槽的念头就油然而生。其实，这种想法大可不必。很多时候，只要我们主动一点，就会发现自己的工作大有可为。

在工作中，主动的员工把公司当成自己的人生舞台，他们喜欢在上面“劲舞”。是啊，工作给了我们精神的寄托，给了我们生活的保障。我们没有理由不把公司当成自己最重要的一条生命线。没有了公司这个舞台，我们就会像断线的风筝，诚惶诚恐，飘浮不定，任由风儿把我们吹来荡去。

曾经站在舞台上享受过掌声的人，很难忘记掌声和舞台带给自己的那种快感。但有些人却是“见不得人”的，上了舞台之后，在灯光的投射下，站在许多的观众面前，除了痛苦之外，什么都没有。因此，主动的人喜欢舞台，被动的人害怕舞台。

人都乐意选择能使自己快乐的职业，却往往事与愿违。我们也许很不幸，不能与自己理想的职业“结成连理”，但是不要紧，不是有这样一句话吗？山不过来，我就过去。意思是说如果客观存在的东西不容易改变，那我们就改变自己。没有好的工作不要紧，我们可以有好的心境！

要知道决定我们真实感受的东西，除了客观的存在以外，还有我们的主观意识。比如，美发师羡慕画家可以坐着工作，而画家却很羡慕美发师可以站着工作……虽然工作一时无法选择，但工作的心态我们是可以选择的！

既然公司给了我们一个工作舞台，我们就应该最大限度地发挥自己的潜能去“劲舞”。主动的员工，要时刻想着为公司多做点什么。这种积极主动的工作习惯对你来说，只会有益处，它会使你更加敏捷，更加有朝气。

“每天多做一点事”的工作态度将会让你从你的同事中脱颖而出，不管是普通职员，还是管理阶层，你的上司和顾客都愿意加倍地信赖你，从而给你更多的机会。

德尼斯最开始在杜兰特的公司工作时，只是一个很普通的职员，但现在他却成了杜兰特先生最得力的助手，成为一家分公司的总裁。他如此快速地得到升迁就是因为他总是设法使自己多做一点工作。

德尼斯刚来杜兰特公司工作时，他发现，每天大家都下班后，杜兰特依旧会留在公司工作到很晚。于是德尼斯决定自己也留在公司加班。虽然谁也没有要求他这样做，但他觉得他应该留下来，在杜兰特先生需要时给他提供帮助。

杜兰特先生在工作时经常找文件和打印材料，最开始他都是亲自做这些工作。后来他发现德尼斯时刻在等待他的吩咐，于是便让德尼斯代替他去做这些工作。

杜兰特之所以愿意召唤德尼斯为他工作，就是因为德尼斯自愿留在办公室，使杜兰特随时可以见到他。尽管德尼斯并没有多获得一分钱的报酬，但他获得了更多的机会，让老板认识了他的能力，为自己的晋升创造了条件。

我们可以找出上百条理由为公司多做一点事，尤其是以下两点：

其一，当你有了“每天为公司多做点事”的习惯时，你已经比旁人具有了更多的优势。无论在哪一个公司，你的上司和客户都会乐于与你合作。

其二，你要想使自己的能力得到提升，多做一点事是最好的办法。如果你在做分内事的同时为公司多做一点，不但能显示你勤奋的美德，还能提高你的工作能力。

尽管如此，事实上依旧很少人去这样行动，这不能不说是个遗憾。

记住这一点吧，你才是舞台上唯一的主角，你的同事甚至老板都是你的观众。你能否获得这些观众的认可，就看你的表演是否积极向上了。总之，每天精神饱满地去迎接工作的挑战，以最佳的精神状态去发挥自己的才能，就能充分发掘自己的潜能。你的内心同时也会变化，变得越发有信心，别人也会越发认识到你的价值。良好的精神状态不是财富，但它会带给你财富，也会让你得到更多的成功机会。

Chapter 6

像经营公司一样经营人生

所有成功人士，只要是自己出来打天下的，都具有这样的特点，那就是：很早就思考自己的未来，而且真心喜欢他目前的工作，愿意花力气，用想法和行动，让每一天都成为自己的杰作。换句话说，他们懂得经营自我，就像经营一家错综复杂的公司。经营的原始阶段：卖出自己，找到一个好东家。经营的发展阶段：创立自己的品牌。经营的黄金阶段：做大做强，建立自身的核心竞争力。漫漫人生路，需要进行谋划的内容实在太多太多。如何从零开始，做大做强，在职场中占有一席之地，需要高屋建瓴的战略谋划。

你的人生就像一家公司

有个年轻人在大学刚毕业时，对未来充满了迷惑。站在人生的十字路口上，他不知道该怎样规划自己的未来。于是，他去请教一位智者，在他的日记中曾这样记载：

这是智者给我上的很重要的一堂课。

“那么，”智者慢悠悠地问，“你有没有认真规划过自己的职业生涯呢？”

“什么……规划我的职业生涯？”我大脑一片空白，完全不明所以然。

智者叹了口气，有些恨铁不成钢，不过他仍然耐着性子说：“那就让我换个问法吧。你能否在工作中发现自己的人生价值，能否对工作保持长久的热爱呢？”

我摇摇头，心里一阵沮丧，我现在不正被这些问题所困扰着吗？

智者似乎看透了我的内心，他直视着我说：“要做到这一点，选择最适合你的职业，做好职业生涯规划至关重要！”

“可是，什么是职业生涯规划呢？”我茫然地问道。

“所谓职业生涯，就是你一生的工作经历，特别是职业、职位的变动及工作理想的实现。规划，就是对未来的职业生涯进行预期和计划，这可以使你的人生过得更有意义！”

为了让我更容易理解，智者给我打了个比方：

经营人生，就如同经营一家错综复杂的公司。

经营的原始阶段：卖出自己，找到一个好东家。

经营的发展阶段：创立自己的品牌。

经营的黄金阶段：做大做强，建立自身的核心竞争力。

我吐了口气，说：“我想我基本明白了，但是，具体应当如何进行规划呢？”

智者说：“这对你来说有点麻烦，还是让我慢慢告诉你好了。”

下面便是智者给这位年轻人上课的内容。

一个人在开始他的职业生涯之前，首先要了解自己，并对自己有个基本的定位。可惜的是，许多人一开始很难真正了解自己，他们往往过了很长时间才找准自己的定位。

什么才是最好的工作？其实并没有绝对的答案。只要能实现自身价值，同时又是自己喜欢干的工作，就是最好的工作，至于别人怎么看，并不重要。

当一个人做适宜且喜欢的工作时，才能在工作中发挥他最大的才华、能力和潜力，并不断自我创造和发展，最终使其个人价值得到确认和实现。同时，在自我实现的过程中，他将体会到满足感如同植物发芽般迅速膨胀。

这种满足感，并不一定因为有多高的职位、多大的官衔，是否从事热门的、有面子的工作，而是看这个工作能否实现自身的价值。总之，人生可以做的事情很多，但只有做最适合自己的工作，才是最愉快的，也才最容易做好。然而，我们很多人对自己认识不清，并不知道自己最适合干什么，于是便很容易入错行。为此，职业专家们将职业定位分为不同的类型，便于人们对号入座、审视自身。

1. 技术型

这类人往往并不愿意从事管理、营销之类的工作，而是愿意在自己所处的专业技术领域内发展。他们喜欢独立工作，而不是与人打交道。

2. 管理型

这类人有强烈的管理欲望，也有信心达到企业高层，因此他们将职业目标锁定为有相当大职责的管理岗位。

3. 创造型

这类人善于发明或发现。他们需要建立完全属于自己的事物，比如以自己名字命名的产品或工艺品、自己的公司等。他们认为只有这些实实在在的事物才能体现自己的才干。

4. 自由独立型

这类人更喜欢独来独往，他们往往有较强的职业技能，却不愿意在公司里上班，而是宁愿做一名独立咨询人员、自由撰稿人，或是开一家小的零售店。

5. 安全型

这种人安于现状，需要一种安全稳定的工作，喜欢按部就班地完成任务。

总之，一个人的职业生涯贯穿一生，是一个漫长的过程。只有根据不同的类型，做好规划，才能更好地从事自己的职业，实现确定的人生目标。当然还要从自己的实际出发，客观地分析、评估自己的条件，实事求是地选择力所能及的工作。

同时，在职业规划中，还要将眼光放长远，注意职业的长期发展。所选工作要有利于自己潜能的发挥和事业的发展，不要盲目地去追求热门职业，进而影响自己才能的发挥。

寻找一个适合你自己的职业

刚毕业那会，我去一家公司应聘，面试官是个一脸沧桑的中年人。

虽然最终我没有到他的公司上班，但我仍然清楚地记得那场对话。当时，他意味深长地对我说："一个人在世上有许多职业可以选择。"

我点头表示同意，这个世界上的工作的确不少。

面试官又接着问："对你来说，一种好职业的标准是什么呢？"

我摇摇头，又不知道该如何回答了。

好在面试官很快给出了答案："它益于你的发展，能够使你不断进步，能让你学到相应的技能，而且能实现你的人生目标。"

一个人在选择一个职业前首先要确定自己的人生目标，因为人生目标大多要靠所从事的职业而实现。比如工程师、管理者或者投资者，甚至也可以是一个具体的财富目标。有了这样一个目标，你选择职业时才会有的放矢，而不是误打误撞，碰到哪儿算哪儿。

选择职业，也就是选择一个最适合自己发展的环境。在这一环境中，竭尽全力去把事情做到尽善尽美，以此来实现你期望的目标。你所选择的环境一定要适合你的性格、才智和体力。一开始做事的时候一定要先迈得开步伐，然后才能大踏步地前进。在一个适合自己的环境里，我们做起事来才能感到顺畅愉悦。

虽然我们应该及早选择一种最适合自己的职业，但也不可过于急躁、过于草率。如果还无法及时确定，不妨慢慢来，再慎重考虑一下。固然，这样的问题对于才智过人的年轻人来说是不难的，但是多数的年轻人被选择职业的事情弄得心绪紊乱、焦头烂额，不知道自己究竟应该往哪个方向走？有的年轻人，开始做一项工作时，可能只是为了先有口饭吃，随着时间的推移，斗志就被渐渐磨平了，惰性也滋长了，甚至连目标都放弃了。

钱娜娜已经工作了10年，大学时学的是工科，可毕业后在企业工作一段时间后，发现自己对金融更感兴趣，于是去沿海城市闯荡，做过秘书、业务员、销售经理，做得都很开心。可是许多年过去了，她发现自己职业发展不成功，不仅是机遇的问题，很大程度上是自己的问题。于是，她找到一位职业设计师，想通过一个测评，客观地了解一下自己到底是什么特点，适合做什么样的工作。

通过测试，职业设计师发现这位女士的管理能力很好，做事有责任心、细致、有条理，为人诚恳、坦率。但是她的兴趣非常广泛，不仅在心里向往尝试各种职业，而且在行动上大胆实践，有时甚至不顾及可能带来的后果。听了职业设计师对测试报告的分析后，钱娜娜恍然大悟，自己的确有这个特点。过去不觉得这是什么问题，现在没有工作后，她开始发愁了，因为面对大量的招聘广告，她真的不知道如何选择。

从上面这个例子可以看出，一个人走上社会时的第一个职业选择是十分重要的，也许会影响你的一辈子。有些人认为，当我在某一个行当干得不愿再干了，再换个行当不就解决了吗？也许有些人可以做到，但绝大部分人是做不到的。因为一个人在某一行当工作久了，可能就习惯了，加上年纪一大，家庭负担重，便会失去转行时面对新行业的勇气。因为转行就得从头学习，重新开始，会影响自己的家庭生活。另外，有些人心志磨损，只好做一天算一天。有时还会扯上人情的牵绊、恩怨的纠葛。种种复杂的原因，让你真是感到“人在江湖，身不由己”！

俗话说：“男怕入错行，女怕嫁错郎。”在决定你一生的事业时，一定要想清楚了再去做。择业前，时刻都要问自己：你所从事的工作，是不是你所想要的？它能不能使你达到自己的目标？只有这样，才能让自己少走弯路，更快地迈向不凡。

要有自己明确的目标，根据自己的特点确定适合自己的目标和职业，即：定好位，入对行，跟对人。

选择工作，兴趣是关键

对于李倩来说，最让她寒心的是她在大学里学的专业极其冷门，因而在毕业时，不得不到一家小公司做一名文秘。这使她对工作缺乏热情，每一天都度日如年、得过且过地工作。看到自己的前途渺茫，李倩感到困扰和迷茫，总觉得自己像是搭错了车，上错了花轿，却又不知道该在哪里下。

痛苦的经历持续了相当长的一段时间，直到有一天，李倩才从朋友的经历中发觉了自我。李倩的朋友原来是学建筑的，但她却一直对服装特别感兴趣，因而在毕业后不久就从原先的单位辞职，独自开了家小小的服装工作室。虽然她没有学过服装设计，但她做得非常好，生活得非常开心。

在此之前，李倩从未想过兴趣与工作的联系，受到朋友切身体验的启发，她决定重新思考自己真正喜欢什么样的工作。她发觉自己的口才不错，而且对外语有一种天生的热情，自己最初的期望就是做个商务代表或谈判代表之类的，只是原先因为觉得自己所学的专业不对口，因而一直不敢尝试。

明确了自己的方向后，李倩开始努力学习，她上了一个经济管理的培训班。当然，这只是第一步。不久，她在老板面前展示了自己的外语才能，进而深受老板赏识。

后来，她终于如愿以偿地做了公司的项目谈判代表。

其实，在职场上搭错车是很正常的现象。其中一个很重要的原因就在于人总是不了解自我，不知道自己真正喜欢什么。有的人是因为自己的思维定势，认为自己不是专业出身就不会有前途，不敢轻易尝试自己真正感兴趣但是没有学过的工作，而实际上很多成功人士现在干的都不是他们的原专业。高等教育在传授给你专业知识的同时，更重要的是传授给你思考问题的方法，让你不管在什么时候都懂得学习。因此，不要以为你不是专业出身就一定比不上别人，要知道，兴趣是工作的催化剂，它能使你的才能迸发出难以想象的活力。而一个你不喜欢的工作，却能扼杀你的生活情趣，消磨你的意志。

当然，除了兴趣之外，你还要考虑一个因素：做你擅长的工作。

孙海东最初学的是财会专业，在25岁那年考上了注册会计师，成为一家事务所里最年轻的会计师。日子过得很顺利，孙海东也很喜欢自己的工作。后来，他的朋友推荐他去一家外企做人事经理，在高薪的诱惑下，加上他也想换一下环境，就去了。

但是在做人事经理的那段日子里，孙海东觉得很苦闷，原因不在于业务的繁重，而是在于管理工作。对孙海东而言，与同事在一起，他始终无法将自己放到管理者的位置。或许，这就是孙海东的弱点，不善于管理人、支配人，尤其是对自己熟悉的人。

所以，不要贸然去干自己不擅长的工作，勉强的结果只能使自己感到痛苦。

不知有多少人因为只考虑工作的体面和舒适而断送自己的幸福。他们认为体面舒适的工作肯定是成功的捷径，而不去考虑自己的性格、才学与优势是否和工作相匹配，他们完全不懂得成功的真正意义。

找一个你感兴趣的工作，你就不会陷于失败的境地。但是，在工作中，有人常常容易受到外界的诱惑，把精力放在不好的事情上。像这样的人，怎么能期望成功机遇的降临呢？

近年来，国外用人单位在选拔人才时形成了一种新的观念，他们认为，性格比能力更重要。因为，一个人能力不足，可以通过培训提高，一年不行，可以两年，两年再不行，可以三年、五年，最后总可以培养出来。但一个人的性格是固有的，若与职业不匹配，要想改变就很困难。不是有句俗话说“江山易改，本性难移”吗？可以想见性格改变的困难了。所以，在招聘新人时，性格的测试被放在首位，当性格与职业匹配时，再考虑其能力水平。

因此，当你工作不满意时，不妨看看自己的性格是否适合这份工作，然后为自己的性格挑一份合适的工作。找到自己喜欢的工作，才会激发你的工作热情、发挥出人的聪明才智。当然，选择了合适的工作，这只是职业发展的第一步。

掌握一技之长，让自己不可替代

要想在竞争激烈的职场上立足，继而取得一定的地位，最聪明的办法就是掌握一技之长，让自己在公司里成为不可替代的人。

所以，我们一定要了解自己的特长，发挥自己的最大优势。

特长就是能力。被人们称为“杨万能”的杨杰，就是一位充分发挥自己特长的土生土长的发明家。人的大脑中存在很多尚未开发的领域，只要我们积极评估自己的职业能力，充分发挥自己的特长，那么，就一定可以在职业的道路上获得辉煌的成就。

如果能理直气壮地介绍自己的专业特长和动手能力，同时出示自己的技能等级证书、比赛获奖证书或优秀作品，这样会大大提高你应聘的胜数。

毫无疑问，应聘求职其实就是一个人的综合实力的展示。但在这里我想说的是，除了专业知识外，在应聘求职时不可忽略的另一个方面，那就是个性技能的问题。

曾在各电视台热播的电视剧《汉武大帝》中有这样一个情节：汉武大帝决定远征外敌，要求年仅二十岁的霍去病将军挑选精兵强将率兵攻打。当挑选工作完成后，皇帝在霍去病的陪同下检阅士兵，来到士兵队伍前，发现一些士兵并不是什么高大威猛的精兵强将，于是就问为什么要选择他们？霍去病马上面带笑容地向皇帝禀报，他指着一个高个儿瘦小的士兵说：“你别看他这样瘦小，他用鼻子就能在沙漠中找到水源，这对于军队在沙漠作战是何等重要！”他又指着一个肥矮的士兵说："你别看他这样肥矮，他可是全军有名的兽医。军队远征，万一马匹生病了无人医治，军队还能打仗吗？"皇帝听后点头称是。后来，这些士兵果真在战斗中发挥了重要的作用。这说明有时候个性技能也能发挥重要作用。

战斗中如此，在职场中也是如此。那么什么是个性职业技能？笼统地说，就是自己的一些特长，如唱歌、乐器、舞蹈、画画、书法、体育、电脑、写作等。作为当代毕业生，更应该加强这方面的学习，因为现代社会需要的就是复合型人才。尤其是职业学校的学生，要想缩短职场发展的时间，有所突破，就更应该培养个性技能来推动职业发展。

一般企业都注重企业文化的建设，很多时候都需要一些有个性特长的员工，以帮助企业推动文化建设。近年来，无论是学校推荐还是企业直接到学校来招聘，除了强调专业技能外，很多时候还提出有个性特长者优先录用的条件。

许多的职业指导师也认为当代求职者在努力学好专业本身的理论知识和技能外，还需要根据实际情况和个人的兴趣爱好，学习一些有助于自己发展的其他技能，这样会大大增加求职者本身的就业胜数和发展空间。

黄小娟，女，曾就读于一所普通大专学校。毕业时，深圳华为公司来学校招聘，在同班同学中，她的综合条件不算是最好的，但黄小娟平时十分注重自己的个性技能的发展。在学校学习期间，她通过参加课外活动和自学，不仅舞跳得好，而且还写得一手好字。华为最终从 200 名应聘者中优先录用了她，并破格安排在公司企业文化部门协助文化专员开展工作，为她后来的发展打下了很好的基础。

李皓，男，毕业于湖北一所高级职业学校，毕业后被分配到松下电器公司一线工作。他本身在学校时专业水平不算很好，也没有其他方面的文体专长，但对电脑十分感兴趣，并在学校时已经钻研得很深，可以说在电脑方面有他的专长。分配到该电器公司后，他虽然在一线工作，但一点都没有放弃对电脑的学习。终于在 2004 年全公司的一次计算机技能比赛中，他荣获第二名。他因此崭露头角，获得了同事和上司的认同。后来，公司根据他的特长，把他调到了营运部负责计算机硬件的维护工作。

无论是黄小娟还是李皓，他们只是一名普通的大中专院校毕业生，而他们的成功，除了有过硬的专业水平外，也有赖于他们都具有自己的个性特长技能。

确定你所拥有的能力的方法之一就是去想想、去看看你现在已经掌握了的技能。技能有两种表现：一种技能是你能做的事；另一种技能是你做事的方法和风格。假如你有语言组织能力，那么当你在组织语言的时候，你的能力又从哪里体现出来呢？你用的是什么风格、什么方法呢？

在今天的工作中，大多数的工作都需要用到一定的技能。当旅游团的工作者拿到资料和纪念品时，一定要将它们妥善保存并适时适量地分配。同样，牙科医生需要将一名病人的情况很清晰地解释给很多人听，譬如病人、家属及保险公司的人员。所以，牙科医生的工作不但需要丰富的专业知识，同时，他们也需要许多其他职业人所需掌握的技能。

发挥优势，打造你的核心竞争力

在竞争激烈的市场中，每个企业都要有自己的核心竞争力，才能在大浪淘沙、优胜劣汰的竞争环境中生存。同样，作为一名员工，也应该有打造自己核心竞争力的心态。

一个企业，如果没有自己的拳头产品，不能占据一定的市场份额，没有跟得上时代步伐的核心技术，必然难以生存下去，最终要走向灭亡。

一个员工，如果没有自己的专长，没有老板需要的核心技能，没有公司需要的价值，不能跟上职场发展的需要，没有自己的风格和优势，则很容易被职场淘汰。

道理都是相通的，关键是要以经营企业的心态来经营你自己。所以，要想成就自我，首先要知道自己能做什么，你的优势是什么，否则你就难以发挥自己的所长。

张思和是某家酒店仅次于“掌柜”的“账房先生”，本来做得很好，因为新来了一位副手，并且对方从一开始就咄咄逼人地觊觎着他的位置，使他感到了一种无形的压力，便开始考虑充电，以便稳固自己的地位。他选择了学习电脑知识，甚至连编程都认真地学，同时还学英语。就在他终于把自己变成一个三流程序员，能简单地用英语对话时，对手已迫不及待地取代了他的位置。

怎么也想不明白的张思和懊悔不迭，扪心自问，他不得不承认，自己在管理账务方面本来就不差，虽然有许多地方需要加强，只可惜弄错了方向。要是在自己最有优势的方面入手，就不会让对方有可乘之机。

如果置自己的优势不顾，认为自己能为所有的人干所有的事，那你在职场上一定找不准自己的位置，不能真正体现你的价值。在你职场所处的位置上，你不仅要处理好人际关系，熟悉更多公司方方面面的业务情况，而且最重要的是你必须全心全意认真对待你的专业技能，因为这才是你在公司里的价值体现，是你在职场中安身立命的根本。对任何一个大公司来说，一个货真价实的财务专家，远比一个拥有计算机等级考试证书、驾驶员执照等的普通财务人员更重要。找到了你的最佳位置，就等于你的才华有了施展的舞台，英雄有了用武之地一样。

一个人不可能面面俱到，每个人都有各自的优点和缺点，需要认真对待的是要确定自己的长处。在职场上，你要成为你自己，别人能成为什么，那是别人的造化。与其费尽心机地去改变自己的短处，还不如努力把自己的特长发挥到极致，打造自己的核心竞争力！

那么，什么才是一个人的核心竞争力呢？

简单来说，一个员工的核心竞争力，就是指他相对于大多数员工的优势所在。一个聪明的员工，懂得如何推销自身这个“产品”，并将其做成职场品牌。

我们该怎样打造自己的核心竞争力呢？

首先，你要问自己三个问题：你想做什么？适合做什么？能做什么?

找工作前,我们必须考虑到自身的兴趣、价值观、能力、市场需求等各方面因素,找出它们与职业的最佳结合点,从而为自己进行准确的定位,提高自己的竞争力。

其次,一个员工要想获得成功,就必须为公司和老板创造价值,必须向他们提供具有竞争力的服务,得到他们的信赖和认可。

核心竞争力是一种综合能力,而不是一两项工作技能。除了要有大家都具有的能力之外,我们还必须拥有自己的独特卖点,有老板喜欢、需要和看重的价值,例如学习能力、创新能力、组织领导能力、策划能力、人际关系协调能力、沟通表达能力等。

当然,任何人都不可能是全能的,大多数人只能在某一个领域里有所建树。事实上,在工作中所谓什么都懂的人也等于什么都不懂,因为他哪方面都不可能精深,所以他也很难担当得起重要的工作。

我们要想在职场上取得成功,必须扬长避短,把注意力集中在自己的优点上,发现、开发、经营和发展自己的长处。

只要在自己擅长的领域里做到卓越,我们就是非常成功的自我经营者了。

只有经营好自己长处,才能实现自己的梦想。世界上最让人痛苦和无奈的事情, 莫过于用自己的短处去与别人的长处做比较,那如同用鸡蛋去碰石头,结果可想而知。如果不做自己最擅长的工作,无异于主动放弃了自己的竞争优势。

长处本身就是一种优势、一种能力,是一个人作为“产品”与职场这个市场进行价值交换的资本。一个人能否成功,就看他是否能最大限度地发挥自己的长处。

因此，只有经营好自己的长处，才能打造出真正的核心竞争力，我们才会成功。

把自己训练成千里马

在职场中，有不少人以千里马自居，总是抱怨自己怀才不遇。其实，世界上并不缺少伯乐，伯乐到处都是，只是你自己还不是一匹千里马而已！

只有当自己通过刻苦学习、努力工作，干出非常出色的工作成绩的时候，自己这颗砂粒才会慢慢变成一颗珍珠，在无数平庸的砂粒中脱颖而出，被人一眼认出。

在现实工作和生活中，我们千万不要因为一时的不顺心而自暴自弃，不要四处发牢骚，不要以为自己是怀才不遇，当有这种想法的时候不如回家认真地审视自己，好好地想想自己是不是千里马，想清楚了，心里就会平静多了。

柳云升从名牌大学毕业，硕士学位，本以为就业不成问题，可渴盼已久的两家大公司都将其拒之门外。无奈中，柳云升只好屈尊于一家并不知名的公司，更让他不悦的是：公司让他从最底层开始做起。他天天跑腿打杂，跟在别人后面还得装出一副谦虚状。

两年过去了，柳云升有了跳槽的念头。

一次公司组织员工“新疆十日游”，在新疆沙漠上骑骆驼让柳云升感触颇多。他问骆驼的主人：为什么大骆驼边上还跟着一匹并不驮人的小骆驼？

主人说，这叫“跟班”，因为它还在“实习”，它得跟着“师傅”学习一段时间后才有资格上路驮游客，没跟过班的骆驼是会出事故的。

回来后，柳云升没有跳槽，依然当着他的小业务员。

一年后，柳云升成了业务骨干，两年后被提拔为部门经理。柳云升在公司干了四年，这前两年与后两年的本质区别在于：他脚踏实地当了七百多天的“跟班”。

无论你目前从事哪一项工作，一定要使自己多掌握一些必要的工作技能。一步一个脚印地去做，把自己训练培养成一个适合你期望职位的人，而其中一个关键的问题就是：掌握必要的工作技能，让自己胜任这个职位。在主动提高自己的工作技能时，你应当明白，自己这样做的目的并不是为了获得金钱上的报酬，而是为了使自己更长远地发展。更重要的是，多掌握一些必要的工作技能，然后才能在自己所选择从事的终身事业中，成为一名杰出的人物。

在公司中，如果你掌握了必要的工作技能，就能提升自己在老板心目中的地位。久而久之，你会频频出现在公司的重要会议上，甚至被委以重任，因为在老板的心目中，你已经变得不可替代了。到了那个时候，你还会再担心和抱怨不被赏识吗？还会有“怀才不遇”的牢骚吗？

要想把自己训练成真正的千里马，只有通过不断的学习才能做到。

有的人认为自己有高学历，用不着再学习。要知道学无止境，一个人总有知识的盲区，谁也不可能通晓古今、遍知万物。而且，现代社会发展迅速，新的信息层出不穷，知识的换代周期越来越短，只有通过学习，才能不断地充实自己，提高知识水平和技能水平，用知识武装自己。

一个人的精神状态对其事业的成败至关重要，如果整天萎靡不振，理想、信念就会被抛之脑后，工作就会因循守旧、故步自封。所以，要始终保持良好的精神状态，使自己变成一个乐观向上、积极进取的人。

即使是那些确实有着不凡才华的人，有的时候也可能在激烈的职场竞争中，因为环境和其他一些客观条件导致他们不能尽情展示自己的才能。这个时候必须保持克制和冷静，因为这些都是暂时的，你必须把愤懑和"怀才不遇"的感觉从自己的脑海里赶出去，避免它们影响你的正常判断和发挥。

你有能力主导自己的命运

很多人虽然希望到更广阔的空间去表现自己，但却没有充分认识到主导自己命运的重要性，认为他人的成功完全是贵人相助的结果。

其实，要想成功，首先就必须转变这种错误的观念，做自己的主人。

在职场中，能够获得贵人相助，固然是晋升的一个重要条件，但也不可放松对自己的要求，因为机会只针对有准备的人。若想顺利取得晋升，还得付出足够的努力才行。若你整天守株待兔一般，坐等贵人的出现，到头来也只会是一场空。

因此，在贵人出现之时，你应该积极进取，为晋升做好充分的准备。

一、进行角色转换

有的人上升到了一定高度的管理层就停止了对自己的要求，认为已经足够了。而且很多情况是，当贵人把你提高到一定的层次之后，你的表现反而不如从前出色，达不到贵人的期望，贵人自然也不愿再帮助你。实际上这些都是角色转换的问题，你没有真正接受好成功者和领导者的角色。角色转换不好对职业发展是非常不利的，甚至会导致职业生涯的终结。所以，在职场中获得发展机会的时候，应该尽快适应角色的转换，应对的措施就是直面困难、勇敢挑战。

二、克服不足，要有大气魄

很多人由于习惯于做小员工，性格上显得“小气”，比较注重面子，缺乏大气魄。这样的人一旦获得晋升，就会影响作为管理者的魅力。此外，还有的人太在意事情的细节和处理问题的方式和方法，好的一面是可以使问题比较平稳地解决，但是有时候也会给自身带来麻烦，比如过于照顾下属的面子使问题没有达到最佳的解决效果，将自己置于一个两难的尴尬境地。总之，要想顺利晋升，这些缺点都应该克服。

相对于基层员工，管理者不应因为关注细节而变得婆婆妈妈。有的人只会一味逃避风险，这样就不可能把企业做大。事实上，这类领导者的企业一般不会破产，但企业规模做大的也并不多。因此，在职业发展中，一定不要因小失大，成就大事业的人肯定有大的胸怀，如果你在这方面存在不足就一定要注意弥补。

三、调整身心,缓解压力

获得晋升后,你肩上担负着远超过以前的责任,将承受着更大的压力。这时候,在职场奋斗多年的你会感觉到更加吃力,甚至为此身心俱疲。

事实上,压力对所有员工来说都是存在的。只不过,随着职位的提升,压力也随着增大了而已。这时候,一定要学会调整身心,学会给自己减压,从而在事业上达到一种平衡。

四、保持进取心

许多人由于对工作缺乏强烈的进取心和上进心, 容易满足,再加上烦琐的生活问题,他们就放弃了主动学习。久而久之,他们的工作能力就会相对下降,无法满足工作的要求,职业生涯也进入了死胡同。其实,灵感的迸发、创新发展都与你获得的知识有关。对于领导者来说,只有持续学习才能使事业持续成功。

五、抓住机会,真切体会自身价值所在

贵人只能为你提供机会,却不能帮助你把握机会。因此,机会来了,一定要靠自己去抓住,这一点谁也不能代替。

"你就是自己的伯乐",与其等待别人来发现自己,还不如自己发现自己,自己发现自己的不足和缺点,再加以弥补和改进;自己发现自己的长处,加以保持和发扬;调整自己的心态,无论遇到什么环境,都必须积极地去面对;改掉那些影响工作的不好的习惯。

Chapter 7
逆风飞扬，永远保持前进的姿态

远离毛毛虫怪圈

生物学家们在毛毛虫身上发现了这样一种现象：当一群毛毛虫排成长队出行的时候，常常是有一条毛毛虫在前面带队，其余的依次跟在后面。领头虫的目标就是整个队伍的目标，一旦带头的找到食物停了下来，其他的虫子们也立刻原地休息，和领队一起享受美味。

后来生物学们做了个实验，将一队毛毛虫首尾相连，排成一个圆圈，这样每一条虫子都是带头者，而每一条又都不是。结果怎么样呢？当这群虫子又开始长征的时候，它们没有头也没有尾，一只跟着一只一圈一圈地爬个不停。观察者试着在这一群毛毛虫的旁边放上食物，以为这些虫子们很快就会厌倦枯燥辛苦的爬行而转向食物。但是，这些虫子们却出人意料地围着圆圈以相同的速度一直爬了下去，一直到全部饿死为止。

毛毛虫们的“自杀”行为可能自有其生物学上的原因，但是这个现象带给人类的启示却是:一个人如果没有目标将是多么可怕的事情。

而一个没有目标的人也是最容易产生倦怠情绪的。

一个人要获得事业上的成功，首先就要设立明确而合理的目标,并且要在发展过程中恰当地做出调整和修正,不断地使它更适合你的事业发展。这一点至关重要。

那些有理想、有追求、有上进心的人,一定都有一个明确的奋斗目标,他们懂得自己是为什么而活。因而他所有的努力,从整体上来说都能围绕一个比较长远的目标进行，他知道自己怎样做是正确的、有用的,不会做无用功,浪费时间和生命。

在目标的设定上,我想我们应向像美国著名的影星施瓦辛格学习。

早在还是一个青年的时候，施瓦辛格就立志要成为美国的总统。但是作为一个普通人怎么样才能成为万众瞩目的总统呢?施瓦辛格为自己的这一个目标设立了一个个小的台阶,它们分别是:要成为总统,一定要有强大的政治靠山做后盾;拥有政治靠山的最好方式就是能够成为美国有政治影响力的家族的女婿;要想成为名门望族的女婿,最好的方式是成为一个明星——一个影视明星或者体育明星;要想成为一个明星,必须先让自己的身材健美起来。这样,一步步倒推过来就是:世界顶级健美冠军——世界影坛超级巨星——望族女婿——美国总统。

就是这样,阿诺德·施瓦辛格一步一步,从15岁开始,就朝着自己梦想中的目标努力。为了成为世界上最优秀的健美运动员、一个肌肉最发达的男子汉，他潜心苦练长达五年，铸就了一个强壮的身板，并当选为环球先生。后来他又四处拜师学艺，凭着自己的热忱与天分，得到了美国健身界"教父"乔·韦德的赏识，并最终成为世界健美界登峰造极的人物。

接下来，阿诺德又放弃了职业健美事业，全身心地投入了电影事业，向着自己的第二个目的地进发。没过多久，他又成为肯尼迪家族的女婿。如今他已成为美国加州州长。相信不远的将来，美国总统的候选人名单上真的会出现阿诺德·施瓦辛格的名字。

纵观阿诺德·施瓦辛格的大半个人生，在很多人看来，也许只要到达了其中任何一个目的，这一生就已经是非常成功了。然而，为什么施瓦辛格能够孜孜不倦地一路走下来，囊括了所有这些成功呢？也许，我们可以从施瓦辛格自己的语录中找到答案："我非常相信保持饥渴的哲学。如果你有了一个梦想，而且已经实现，不要过久地感到满足。你要再来一个梦想，全力以赴地去追求它，把它变为现实。梦想再次实现后，就再来一个新的梦想。"

不单是阿诺德·施瓦辛格这样，我们发现所有成功的人都是那些有目标的人，鲜花和荣誉从来不会降临到那些像无头苍蝇一样四处碰壁之人的头上。只有确立了前进的目标，一个人才会最大限度地发挥自己的潜力。只有在实现目标的过程中，我们才能够检验出自己的创造性。

“钱多、事少、离家近”未必是好事

舒适的生活是使人萎靡的毒药。一个人要想成就事业，不仅要在逆境中坚持奋斗，还要在安逸中保持清醒。明白了这个道理，你就应该有意识地逃离生活的舒适区，时刻保持积极进取的精神状态。否则，你很容易被周围的环境所同化。安逸的环境会使你丧失斗志，失去进取心，从而变得浑浑噩噩、一事无成。

人们在通往成功的路上奋斗时，常常害怕逆境，认为逆境是阻碍人们达成目标的最大障碍，因而渴望一帆风顺的际遇，但却很少意识到一帆风顺更容易使人栽跟头。它往往让人们在不知不觉中做了安逸的俘虏，腐蚀一个人的斗志，麻痹一个人的神经，瘫痪一个人的自觉、自省能力。因为我们每个人都有好逸恶劳的劣根性，这是人性当中共有的一个特征。

很多年轻人找工作，总把“钱多、事少、离家近”的工作当作首选。却不知安逸的环境很容易使人成为环境中的一个寄生生物，被环境“招降”，最后与环境合而为一，成为环境的一部分。一个安逸舒适的环境，就会造就一批懒懒散散的人。这样的人和温室中的花花草草一样，毫无生命力。

生于忧患，死于安乐。我们每个人又何尝不是如此呢？我们要想在事业上不断发展，就必须树立这样一种意识：危机迟早都会来的，危机意识是发展的原动力。

职业经理人马国熙的职场经历，向我们传达了这样一条道理：只有不安全的环境，才能促成安全的发展。

作为环球资源的一名职业经理人，马国熙在非常年轻的时候就成功创办了《多伦多商业》杂志社。然而正当杂志社的发展如日中天的时候，马国熙却选择跳槽到《时代周刊》公司。面对许多人的不解，马国熙的解释是：虽然《多伦多商业》杂志社的发展目前看上去不错，但是随着竞争的日益激烈，它进一步发展的条件还不成熟，再坚持下去总有遇到瓶颈的时候，而跳槽到《时代周刊》则使他能够进一步学习到更多的业界知识，掌握更多的资源，为今后更大的发展打基础。

正是这份高瞻远瞩和对未知世界的好奇与冒险精神，促使马国熙面对尚未开拓的中国市场时能够大胆地尝试，从而取得了日后的成功。

马国熙的成功最根本的原因在于他能始终保持着危机意识，也就是他所说的不安全感。正因为有着这样的不安全感，使得他能始终坚持不断地壮大自己，面对新的挑战、新的目标能主动出击，开拓新的疆界。

大凡越是成功的人士所承受的压力也越多。所谓“生于安乐，死于忧患”，在顺境中保持着这种不安全感，能最大效率地发挥一个人的潜在价值。相反，若在舒适安全的环境中麻痹轻敌也许我们就很难全力打拼，也就难以取得相应的成就。

提高你的职场快乐商数

审美疲劳是人人都会有的。当我们长时间地面对同一种工作、同一项内容的时候，难免会因为单调而生发一种无聊或疲倦之感。在这种感觉的困扰下，一个人的工作效率会大大降低。而这种情况又会造成一种恶性循环，加剧一个人对工作的厌倦感。心理专家建议，遇到这种情况时，最好不要勉强自己硬撑着工作，而是要适当地换一下脑筋，比如放下手头的工作，上网浏览一下新闻或者有趣的专题网站，或者干脆休息一下。总之，要学会找些事情从中调剂一下，说不定还会从中获得意外的灵感。

不过，在你放下工作之前，你一定要定个休息点或是工作的起止界限，把该做的工作完全做完。这样在你重新开始工作时，你就知道自己刚刚是在哪里停下来的。

这时候，干些体力活或者散散步都是一种非常有效的调剂。散步能使你头脑清晰，重新激起你的工作热情，你遇到的景物、声音会引起你新的构想，可以使你从中获得新的力量，帮助你完成工作。

当你觉得身体疲倦时，不妨休息一会儿，打一个盹，可以使你恢复体力。它还会让你的潜意识得以释放，提供解决问题的方法。

同时，试着养成在干净、简洁的桌子上工作的习惯。把与目前工作不相关的东西暂时搁置一旁吧，因为那些无关紧要的东西只会干扰你的视线，让你无法集中精力去做最重要的事。另外，还要做到以下几点：

一、给情绪加点调味剂

因为工作节奏的不断加快，随之而来的工作压力常常会使人们的情绪变化也跟着加快，有时甚至使人头昏脑晕。这种情况下，心态调整是非常重要的，否则就有可能落入忧郁情绪的恶性循环中。

在情绪不好时，要学会通过各种方法来调剂它。比如，可以与朋友倾诉，找一位知心朋友聊一聊，很多时候你都会发现，聊天之后你的低落情绪就会不知不觉地消失。最简单的排解方式还可以做做深呼吸、伸伸懒腰……

另外，在心情不好的时候多想想自己成功或者美好的时光，回忆过去的辉煌以及别人对自己的赞美，也同样可以改善郁闷的心情。

听听自己喜欢的音乐，也是十分有效的放松方法，轻松、明快的乐曲总能带给人一种快乐与惬意，让人感到神清气爽。

调剂情绪的方法越多，你越能轻松地缓解工作中的压力，为更好地投入工作鼓足干劲。

二、对工作保持好奇心

一个人在陌生的工作环境中往往会有一种好奇、兴奋和新鲜感，对新事物跃跃欲试。而一旦熟悉了环境之后，则会陷入谨慎、见怪不怪、程序化的心态中。长此以往，自然会导致工作积极性下降。

为此，我们可以想办法为自己创造各种陌生环境，让自己好奇、兴奋、新鲜的心态永远存在。为了实现这一点，我们要为自己多创造一些学习机会，不断充实自己。比如积极参加单位或者社会的相关培训，努力争取在各种场合结识专业人士等。

不断地充电和学习可以使你对自己的业务和工作有更为深入

的了解，或者获得更广的工作视角，这样就很容易激起你的好奇心和对工作的求知欲，带给你长久的新鲜感。

三、善于管理“自我”

有一位伟人曾说过：“不会休息的人就不会工作。”

的确，一个成功的人往往是一个高效率的人。这样的人常常是时间管理的高手，他们有可能看似很从容，却比那些整天忙得手忙脚乱的人做的事情更多，更有成效。这是因为他们能够分清事情的轻重缓急，会合理地安排个人的精力和时间。

效率高手的工作时间表上，从来都为重要的事情全力以赴，而很少为紧急的事情充当“消防员”，他们的工作充满了计划性和前瞻性。他们对于计划好的事情坚决按计划执行，而工作的前瞻性又提前将一些重要的工作纳入议事日程，所以他们很少会面对猝不及防的紧急事件。

四、找出压力的根源

工作中的压力是每个人都会有的，但是对压力的恐惧却是那些不懂压力管理的人才会独自面对的。

人们常说：“恐惧来自于无知。”如果我们能够认清压力的真相和来源并正视它，那么我们就能够化解压力，甚至把压力转化为动力。

永远对自己充满信心

春秋战国时代，一位父亲和他的儿子出征打仗。父亲已做了将军，儿子还只是马前卒。出征前，父亲庄严地托起一个箭囊，其中插着一支箭，对儿子说："这是家传宝箭，带在身边，力量无穷，但千万不可抽出来。"

那是一个极其精美的箭囊，用厚牛皮打制，镶着幽幽泛光的铜边儿。再看露出的箭尾，一眼便能认出是由上等的孔雀羽毛制作。儿子喜上眉梢，贪婪地推想箭杆、箭头的模样。

果然，佩戴宝箭的儿子英勇非凡，所向披靡。当鸣金收兵的号角吹响时，儿子再也禁不住得胜的豪气，完全背弃了父亲的叮嘱，强烈的欲望驱使着他呼啦一声拔出宝箭，试图看个究竟。骤然间他惊呆了。箭囊里装着一只折断的箭。"我一直挎着支断箭打仗呢！"儿子吓出了一身冷汗，仿佛顷刻间失去支柱的房子，意志轰然坍塌。

这个故事的结果是，儿子惨死于乱军之中。

儿子死后，父亲捡起那支断箭，沉重地叹息道："不相信自己的意志，永远也做不成将军。"

对于一名企业员工，自信是我们的分内要求。自信表明了一种对自我能力、优势的认可与肯定，自信可以使一个人认为自己有能力冒风险接受各种挑战和工作任务，提出要求并尊重承诺。

自信是一个人无论面对挑战还是各种挫折时，对完成一项任务或采用某种有效手段完成任务所表现出来的信念。自信的人通常对自己的各种判断和结论信心十足，尽管他人可以给予自己建议、引导和帮助,但是一旦到了下结论的时候,却必须是自己出面,而且不容置疑。自信的人敢于承担失败的责任,敢于就工作中的问题向上级与客户提出质疑,他们是职场中的佼佼者。

在充满竞争的职场里,在以成败论英雄的工作中,谁能自始至终陪伴你,鼓励你,帮助你呢？不是老板,不是同事,不是下属,也不是朋友,他们都不可能做到这一点。唯有你自己才会伴你走完人生的春夏秋冬,也唯有你自己才能鼓起你的信心,激励你更好地迎接每一次挑战。你可以成就任何事,有时最大的障碍不是攀登本身,而是你自己。

一个优秀的员工最需要具备的态度是相信自己。既要在自己内心里相信自己,也要在老板和同事面前表现出这种自信心。

自信的人敢于尝试新的领域，能更快地发展自己的兴趣和才华,更容易获得成功。自信的人也更快乐,因为他不会时刻担心和提防失败。

在1949年,一位24岁的年轻人充满自信地走进美国通用汽车公司,应聘会计工作,而这一切只是因为他父亲曾说过通用汽车公司是一家经营良好的公司,并建议他去看一看。

在面试时,他的自信给面试官留下了十分深刻的印象。当时只有一个空缺职位,而面试官告诉他,这个职位要求很高,一个新手可能很难应付。但他当时只有一个念头,即进入通用汽车公司,展现他足以胜任这个职位的能力与超人的规划能力。

当面试官在雇用这位年轻人之后,曾对他的秘书说过,我刚刚雇用了一个想成为通用汽车公司董事长的人！

这位年轻人就是从 1981 年到 2007 年一直出任通用汽车总裁的罗杰·史密斯。

罗杰刚进公司时的第一位朋友阿特·韦斯特回忆说："合作的第一个月中，罗杰正经地告诉我，他将来要成为通用的总裁。"

对任何攀登者来说，自信心肯定是必备装备清单上最重要的东西。自信的关键在于自己，如果你总认为自己不行，你是无法得到成功的。中国有句古谚："天生我材必有用。"我们每个人都有自己的特点和长处，值得我们看重和发挥。

坚强的心，就像捏不坏的花生仁

有人问一位智者："请问，怎样才能成功呢？"

智者笑笑，递给他一个花生："用力捏它。"

那人用手一捏，花生壳碎了，只留下了花生仁。

"你搓搓它。"智者说。

那人又照着做了，红色的皮被搓掉了，只留下白白的果实。

"再用手捏它。"智者说。

那人用力捏着，却怎么也没法把它毁坏。

"虽然屡遭挫折，却有一颗坚强的百折不挠的心，这就是成功的秘密。"智者说。

凡是成功者都有一颗百折不挠、勇于进取的恒心，他们在挫折面前从不低头。试想，如果临危之际，一个人只会流泪，怎能得到别人的信赖，更何谈成功呢？恐怕任何人都不会喜欢这样无能的领导和员工，早就弃他而去了。

现在许多人在工作中遇到一点挫折，就怀疑自己的能力，或是抱怨别人不给自己展现才能的机会，终日无精打采，借酒浇愁。看着你那愁苦样，真有好工作，领导也不会派你去做。

世界上没有任何东西能代替毅力，无论是工作之初，还是创业之初，什么都没有、势力弱小的时候都是很脆弱的，容易失败。很多人在失败中倒下去，永远不能站立起来。

只有少数人，依靠坚定的信念、顽强的毅力重新来过，屡战屡败，屡败屡战。据说，如果一个人被打倒一千次，当他第一千零一次站起来的时候，上帝也会发抖，此时胜利之门就会为这样的人打开。

嘉华是某公司的常务董事，又是人事部副总经理。在公司将任命新的人事部经理时，他想，论能力，论资历，论关系，自己肯定能出任人事部经理。没想到任命下来，却被一个名不见经传的毛头小子抢了自己的人事部总经理位子，而他这位副总反而被调到地方工厂任厂长。

期望太高，落差太大，他怎么也承受不了，心里也想不通，一连几天昏昏沉沉，无法去上班。

公司老板把他找去，意味深长地说："你的能力大家都清楚。这次任命你虽然觉得委屈，但塞翁失马，焉知非福。如果能从困苦中走出来，那才是好样的。地方工厂环境艰苦些，但在那里大事小事都要你管。不要瞧不起这份工作，一般的人还不一定做得好哩。只要虚心求教，与员工搞好关系，会学到在这里永远学不到的知识。人生的路还很长，多一些历练总是有益的。”

老总的一番话使这位即将上任的厂长心里好受了一些。来到地方工厂后遇到的困难确实很多，但他咬紧牙关挺住了，过了一段时间后也不觉得苦了，发现了在新工作中的乐趣。

海洋学家做过一个实验，将一只最凶猛的鲨鱼和一群热带鱼放在同一个池子，然后用强化玻璃隔开。最初，鲨鱼每天不断冲撞那块看不到的玻璃，可只是徒劳，它始终不能过到对面去。而实验人员每天都放一些鲫鱼在池子里，所以鲨鱼也没缺少猎物。只是它仍想到对面去，想尝尝那美丽的鱼的滋味，每天仍不断地冲撞那块玻璃。它试了每个角落，每天都用尽全力，但每次都会弄得全身伤痕累累。而每当玻璃一出现裂痕，实验人员马上会加上一块更厚的玻璃。

后来，鲨鱼不再冲撞那块玻璃了，对那些斑斓的热带鱼也不再在意，好像它们只是墙上会动的壁画。它开始等着每天固定会出现的鲫鱼。

实验到了最后阶段，实验人员将玻璃取走，但鲨鱼每天仍在固定的区域内游着。它不但对那些热带鱼视若无睹，甚至于当那些鲫鱼逃到热带鱼那边去，它就立刻放弃追逐，说什么也不愿再过去。

人有时也会和这条鲨鱼一样，犯类似的错误。所谓“一朝被蛇咬，十年怕井绳”，刚开始做一件事时，也许并不缺少热情，可一旦遭遇失败与挫折，人们往往就会认为自己是无法成功的，并且过去失败的阴影总是笼罩着自己，使本来唾手可得的成果以及放在面前的机遇一次次地被错过。

仔细研究一下历代的伟人，就可以明白：伟人之所以伟大，在于他百折不挠的精神，在于他勇于尝试，敢于失败，在于他一次次地碰壁也绝不回头的毅力和胆魄。爱迪生——众所周知的伟大发明家，在他发明电灯前，不也是经历了上万次的失败方才取得成功的吗？

也许，我们的人生旅途上沼泽遍布，荆棘丛生；也许我们追求的风景总是山重水复，不见柳暗花明；也许，我们前行的步履总是沉重、蹒跚；也许，我们需要在黑暗中摸索很长时间，才能找寻到光明；也许我们虔诚的信念会被世俗的尘雾缠绕，而不能自由翱翔；也许，我们高贵的灵魂暂时在现实中找不到依托。但是，不要气馁，我的朋友，只要你能保持一种百折不挠、积极进取的决心，成功之门终究会为你开放。

抢先一步才会赢

在我们居住的这个星球上，每天都存在着竞争——速度的竞争。比如在草原上，羚羊和猎豹每天都在进行生命的赛跑，谁跑得快谁就赢得生存的权利。羚羊慢了就会被吃掉，猎豹慢了就会被饿死。而在人类中，这种竞争更是屡见不鲜。

当年，贝尔在研制电话时，另一个叫格雷的人也在进行着同样的研究。结果，两人同时取得了突破！但贝尔还是先行了一步，他在专利局赢了——比格雷早两个钟头申请专利。当然，他们两人在当时是不知道对方的，但贝尔就因为这 120 分钟而一举成名，誉满天下，获得了巨大的财富。

香港知名的财富大亨霍英东凭借慧眼处处抢占先机、独步商界的故事给我们以很好的启示。

霍英东的成功之道在于习惯比他人先行一步，敢于做第一个"吃螃蟹"的人。

20世纪50年代初期，香港的房地产市场刚刚兴起，霍英东慧眼顿开，他一下子感觉到发财的机会来了，并立即设立了立信置业公司。同行之中的人都纷纷对此举投来怀疑的目光。

他的第一招就令人刮目相看：在香港，当时的房地产商都是出售整栋楼宇，而霍英东却推行住宅与高层商厦结合销售的方式，并且采用分层销售、预定楼房、分期付款等新方法，很快成为香港知名的房地产商人。就在同行纷纷效仿他时，他又先行一步转战他处。

霍英东看到大家都在全力修建房屋，于是又把眼光盯在了盖房子所需要的沙子上。他马上花重金到国外买回来了大型挖沙船。这种大型挖沙船20分钟就可以挖出2000吨沙子。沙子进船后就近卸货，白花花的"银子"就到手了。很多人看到霍英东"发"了，急忙奋起直追。可是，此刻的霍英东已经取得香港海沙供应的专利权了。

在激烈的竞争中，霍英东心里非常清楚：香港寸土寸金，填海造地大有前途。在这一招上他下了快棋！他立即从荷兰、美国等地购买各种设备，放开手脚，开始了香港规模最大的国际工程——海底水库淡水湖第一期工程。这一工程的开始，标志着外国垄断香港产业的格局被打破，霍英东也因此财源滚滚。

这个世界瞬息万变，没有超前的意识和过人的胆识，只能被市场的洪流所淹没。大浪淘沙，留下的永远是精品。先行一步，在变化到来之前，当别人还在徘徊之际，你已到达成功的彼岸。这样的生命才活得精彩。

成功在于先行一步，而失败者的悲哀就是一步落后，步步落后。在商战中，如果你思维敏捷，眼光独到，并能积极行动，你就能掌握先机，大获全胜。在职场中亦是如此。

每个人的成功都取决于某个关键时刻，在这个时刻一旦犹豫不决或退缩不前，机遇就会失之交臂，再也不会重新出现。

“快！快！快！为了生命加快步伐！”这句话常常出现在英国亨利八世统治时代的警示牌上，旁边往往还附有一幅图画，上面是没有准时把信送到的信差在绞刑架上挣扎。当时还没有邮政业务，信件都是由政府派出的信差发送的。如果信差在路上延误要被处以绞刑。

在古老的、生活节奏缓慢的马车时代，用一个月的时间长途跋涉才能走完的路程，我们现在只要几个小时就可以穿越。但即使在那样的年代，不必要的耽搁也是犯罪。文明社会的一大进步是对时间的准确测量和利用。

在某些情况下，一分一秒就可以决定一场战争的胜负，甚至决定一个国家的命运。其实，人生也是如此，在一些关键时刻，任何的犹豫不决和优柔寡断，都会使你的人生从此黯然无光。

快，为了生命加快步伐，机遇一旦错失，也许你就从此与成功无缘。

拿破仑非常重视“黄金时间”，他知道每场战役都有“关键时刻”，把握住这一时刻意味着战争的胜利，稍有犹豫就会导致灾难性的结局。他说，自己之所以能打败奥地利军队是因为奥地利人不懂得五分钟的价值。

然而，在滑铁卢战役中，那个性命攸关的上午，布吕歇尔率领的普鲁士援军按时到达，而格鲁希率领的法国援军晚了一点。就因为这一小段时间，拿破仑战败，被流放到了圣赫勒拿岛上，从而使成千上万人的命运发生了改变。

那种你认为在以后任何一个时候都可以做的事情，往往永远都不会有时间去做。与其把今天可以完成的任务千方百计地拖到明天，还不如用这些精力把工作做完。任务拖得越后就越难以完成，做事的态度就越是勉强。在心情愉快或热情高涨时可以完成的工作，被推迟几天或几个星期后，就会变成苦不堪言的负担。

方法正确效率才更高

一位著名科学家说过：“无头绪地、盲目地工作，往往效率很低。正确地组织安排自己的活动，首先就意味着准确地计算和支配时间。”

然而，很多人恰恰因为做不到这一点，不得不在工作中充当“消防员”的角色，每天都被一些紧急的事情弄得焦头烂额，仿佛总有处理不完的危机、扑救不熄的险情。一天下来，他们总是身心疲惫不堪，但实际上并没有干成几件要事。

为了“救火”，他们根本没有时间去处理该处理的问题，去思考最应该思考的要事。不是他们不想做要事，而是他们把大部分精力和时间花掉了，以致到最后不得不办时，早已错过了处理的最佳时机。如此日复一日地恶性循环，让自己像一个“危机管理人”那样，完全被大小事务控制住了，失去了驾驭工作和生活的主动性。

18世纪，天文学家在火星与木星之间找到了一颗星体，为了搞清它究竟是行星还是彗星，便请数学家计算它的运行轨道。“数学泰斗”欧拉计算了三天三夜，当计算出结果时，他的右眼因劳累过度而失明了。与欧拉同时接受计算任务的数学家高斯，革新了欧拉行星运行轨道的计算方法，引入了一个八次方程，仅花一小时就得出了更加精确的结果。当人们循着高斯计算的运行轨道，终于找到了这颗小行星——谷神星的时候，高斯深有感触地说：“若是我不变换计算方法，我的眼睛也会瞎的。”

所以说，做事的方法正确，我们才能提高效率。有的人用一天能完成的工作，其他人可能几个小时就完成了，那是因为后者找到了适当的方法。一个企业要想得到更大的收益就必须提高劳动效率，而要达到这一目的，最主要的手段之一就是从管理入手，提高工作人员的工作效率。这也从另外一个角度证明了，高效率的员工必然成为企业的追逐对象。

要想提高工作效率，改进工作方法，就要认清问题的本质，抓住事物之间的主要矛盾，牵一发而动全身，这样才能够一击而中，节省更多的时间和精力。

有一次，美国华盛顿广场杰斐逊纪念大厦的一处墙面出现了裂纹，为了保护好这幢大厦，有关专家进行了专门研讨。最初大家认为损害建筑物表面的元凶是侵蚀性的酸雨。为此，专家们设计了一套又一套复杂而又详尽的维护方案。

但是经过进一步研究，却发现最直接的原因是每天冲洗墙壁所用的清洁剂对建筑物有酸蚀作用。那么，为什么每天都要冲洗墙壁呢？是因为墙壁上每天都有大量的鸟粪。为什么会有那么多鸟粪呢？是因为大厦周围聚集了很多燕子。为什么会有那么多燕子呢？是因为墙上有很多燕子爱吃的蜘蛛。为什么会有那么多蜘蛛呢？是因为大厦四周有蜘蛛喜欢吃的飞虫。为什么有这么多飞虫呢？是因为开着的窗子阳光充足，大量飞虫聚集在此，超常繁殖。

由此，专家们发现解决问题的办法其实很简单，只要拉上大厦的窗帘，不让昆虫在此繁衍生息，一切问题即可迎刃而解。此前设计的那些复杂的维护方案也就都成了一纸空文。

只要拉上窗帘就能节省每年几百万美元的维护费用，这就是系统思考带给我们的启示。我们处理问题时，若能从看似不相干的东西中找出必然的联系，发现问题的本质和关键，往往能够收到事半功倍的功效。

每天多做一点点

你是否有过这样的苦恼：自己整天忙忙碌碌，兢兢业业，可就是没人注意到你；自己的工作能力不比竞争对手差，业绩也是显而易见的，可是一到关键时刻受宠的总是对方！是什么原因导致了这些情况呢？应该如何改变这些状况呢？可能只需要做出一些小小的改进。做到了就会四两拨千斤，让你在职场上拨云见日；忽视了它们你就有可能一直在黑暗里摸索。以下的几点建议也许会有助于你。

一、勇于承担责任

在职场当中，有一些人常常惧怕承担责任，把责任看成是一种痛苦和负担。所以，当问题出现或者困难当前的时候，我们听到最多的话是“这不是我的错”“它本来就是这个样子的，我也无能为力”。

其实，责任并不像我们表面所看到的那样，仅仅是一种阻力，很多时候，责任更是一种机会。当别人面对责任都避之唯恐不及的时候，如果你能鼎力扛起来，不管最后成功与否，领导都会佩服你的勇气，欣赏你的果敢。在同等条件下，你的机会就会比别人多很多。

二、提前半小时到办公室

早半小时到办公室，不但有利于你在领导面前树立好的职业形象，而且会真正影响到你每天的工作状态。

想想看，当别人刚刚起床，或者正急匆匆赶拥挤的公车的时候，你已经坐在办公室开始对一天工作进行规划。这样日积月累，你们的差距会有多大？这看起来很小的优势会让你在一段时间后和所有的竞争对手拉开很大的距离。

三、善于学习

一个人要想成功，树立终生学习的观念是非常必要的。既要学习专业知识，也要不断拓宽自己的知识面，一些看似无关的知识往往会对你的工作起到巨大的推进作用。很多报纸、杂志的内容看起来只是一些庞杂的知识，实际上却起到了开阔视野、激发灵感的作用。记住一句话：开卷有益。

四、快速反应，立即行动

永远要记住：上司的时间比你的时间更宝贵。所以，对于上司临时指派给你的工作一定要尽快完成，千万不要让上司找你、催促你，而应该接到任务后迅速行动，然后主动汇报。

如果你总是能够高效地完成上司指定的工作，那么在上司心中，你的价值就会大大提高。

五、保持冷静

遇到紧急事情，发怒、生气都无济于事，最重要的是保持冷静。保持冷静让你能够清醒地思考如何应对问题。那些能够解决问题的人往往都是面对困境时处之泰然的人。

很多人之所以在职场当中得不到提拔，主要的原因就是他过分地暴露了自己的情绪，喜怒皆形于色，心中藏不了事情。对于这样的人,领导怎么放心地委以重任,你又怎么能够成为他的心腹呢?

六、保持平常心

即使你做好了上面的一切,也不一定会升职。成功需要机遇,即使一件十分简单的事情也有可能出现复杂的变化。因此,做好足够的心理准备只会对你有好处而没有坏处。

尤其是当你以为成功就在眼前的时候更要保持一颗平常心。平常心不但能够减轻你的失落感,同时也能让你更清醒,给你带来更多的机会。

世界上最可怕的是拖延

“生存还是灭亡,这是个问题!”这是哈姆雷特式的忧郁。很多人正是由于这种凡事拖延、犹豫不决的性格导致了生活中的一次次遗憾和失败。

今天该做的事拖到明天完成,现在该打的电话等到一两个小时后才打,这个月该完成的报表拖到下一月……

在我们的工作中,实在有太多的拖延。

一个人无论干什么工作, 一旦决定去做的时候就要及时行动。如果把事情拖延下去,只会有害无益。有些人经常说“唉,这件事很烦人,还是先做其他的事情吧”,结果事情越积越多。不论他们用多少方法来逃避责任,该做的事还是得做。拖延是一种相当累人的折磨,随着时间的流逝,工作的压力会与日俱增,这会让人觉得更加疲惫不堪。

千万不要一味松懈，把昨天就能完成的工作拖延到明天。而一旦完成就不要愚蠢地等到老板开口来问的时候才匆忙呈上自己的工作成果，应该在工作完成后马上主动汇报。

避免拖延的唯一方法就是“现在就做”，万事开头难，但是没有开始就没有结果。

有个美术系的学生把自己的作品交给教授，很诚恳地说：“教授，请您指导一下，我怎么才能把画画好呢？”教授指着画布回答道：“你把这个地方修改一下。”学生高兴地说：“谢谢您，我明天抽时间修改一下。”教授皱了皱眉说：“不行，你必须马上动手，万一你明天又有别的事情耽误了呢？”

这就叫活在当下，我们在工作的时候也需要这种心态——决策之后就立即行动。诸如“再等一会儿”、“明天开始做”这样的语言或者这种心理意念，一刻也不能在我们的心里存留。

从现在就开始，立即去做自己一直在拖延的工作吧。如此一来，我们就会发现拖延时间毫无必要，从而逐步消除拖延的烦恼。

许多人做事总喜欢万事俱备了才开始行动，殊不知，这样的条件不是等来的，而是在行动中创造出来的。只要做起来，哪怕很小的事，哪怕只做了五分钟，也是一个好的开端，就能带动我们着手做好更多的事情。

所以说，无论干什么事情，只是停留在嘴边是不够的，关键还是要落实在行动上。如果你不知道该如何行动，不妨参照这样一个建议：列出四个你已经拖延很久、想做却一直没有做的事情，比如洗完放在床底下的一盆衣服、写一篇文章……把它们都写在一张纸上，并按重要程度排序，然后立即着手第一件事。

面对任务，不要再犹豫，请立即行动起来吧。具体可按照下列步骤来做。

合理安排你的时间，把更多的时间放在最重要的事情上。

按事情的轻重缓急排好队，让事情变得井井有条，而不是一团糟。

提高效率，砍掉多余枝节，简化办事流程，不要在细枝末节上浪费时间。

把大块任务切割成小块。假如你想写一本200页的书稿，每天写上2页，三个多月就可以完成。若想一下子完成，只能被目标吓倒，也许一年都完不成。

成功的秘诀之一就是“立即行动起来”。

当“立即行动”这四个字深入你的潜意识时，你就已经具备了成功者的基本素质。有时，立即行动的决定能使你最荒诞的梦想成为现实。

法国生理学家、外科医生亚历西斯·卡雷尔第一个提出要研究血管的缝补，竟被当时的名流讥为“旷古未闻的痴想”“冒天下之大不韪”。但是卡雷尔并没有因此迟疑，而是立刻埋头实验，终于获得成功，创造了前所未有的业绩，获得诺贝尔生理学或医学奖。

现在，你要考虑的不是要不要立即行动，而是如何行动，如何克服前进中的困难。以下几种方式可供你参考。

一、尝试新事物

努力去选择并尝试一些新事物，即使你仍留恋着熟悉的事物。就算是失败了，也要突破狭隘的着眼点，努力为自己打造出一片新天地。

英国有家公司的董事长原本是个一无所有的年轻人。他白手起家，短短十几年就建立了年收入240亿元的集团，现在个人的资产约有80亿元。

对于这样一个人，多数的人会说："哦，他一定很特殊。"如果你有这种想法，那你可就大错特错了。实际上，这个人十分普通，和我们身边的人几乎没什么不同。

这位董事长所率领的集团以唱片业务或节目制作业务为中心业务。年轻时的他，其实并没打算将来成为大财团的董事长，他只想当新闻记者。

所以他当初首先应聘报社，但不知是幸运还是不幸，他竟没有被录用。

在当时，你知道他是怎么想的吗？

应聘失败的他，心中并未产生这样的想法——"我这个人太没出息、太无用，没人会录用我。这表示我没有才能，我还是去找一份卑微的工作吧！"

与此完全相反，他扩大了自己的愿望——"不被录用也无所谓，我就自己创业吧！"于是他说干就干，立即开始自己的创业。

二、下定决心就去做

一旦决定做一件事，就应该马上行动起来。不要费心去为你做的事找借口。当别人问你为什么要这样做时，你不用过多解释，只需淡淡地说一句："我就是喜欢这样做。"战国时期的大政治家苏秦就是这样的一个典型。

苏秦年轻的时候就很有雄心壮志，他一心想学以致用，成就伟业。可惜因为出身贫寒，屡屡不被重用，被人瞧不起。但他并不把这些放在心上，决心回家发愤读书。他苦心研究纵横术，经常彻夜不眠，有时实在太困了，就一边骂自己没出息，一边用一把锥子刺疼自己的大腿，以此驱赶睡意，振作精神，继续读书。

经过多年的苦熬，他终于学有所成，掌握了各国的地形、政治、军事知识，成为一名出色的政治家。

三、不要畏惧失败

你不必设想绝对完满的结局，更不要因为害怕失败而裹足不前。要记住，即使是做了一件你喜欢却没有达到预期结果的事，你也已满足了自己的好奇心，并且从中获得了经验和教训，这就够了。

爱迪生做了一万次实验才发明了电灯。有人问他："如果第一万次实验也失败了，你会怎么办？"爱迪生回答："我就不会在这儿与你谈话了，此刻我会把自己锁在实验室中，做第一万零一次实验。”

一个人在成功之前，一定会遭遇到很多挫折，甚至遭遇某种程度的失败。在失败重重打击一个人时，最简单和最合逻辑的方法就是放手不干，大多数人都是这样想的。

但爱迪生不同，他遭遇失败后，不是自怨自艾，而是立即行动起来，投入下一次尝试之中，哪怕失败的次数是一万。这就是他获得巨大成功的秘诀。

平时就要养成立即行动的习惯，只有这样，一旦发生了紧急事件，或者当机会到来时，你才能做出最快、最强有力的反应。

立即行动起来吧，无论成败，在所不惜。

这样工作最有效率

如果你每天在办公室里都恨不能让自己成为八爪鱼，以应付更多的工作，那说明你可能在提高效率和时间管理方面需要多下一些功夫。你不妨尝试以下几种方法，或许可以帮你实现高效完成任务的梦想。

一、每天开始工作前，先列出计划

我们应该养成这样一个习惯，那就是：每个工作日的头 15 分钟用于写下任务清单。写出清单后，你就会清楚地知道，哪些工作是今天必须完成的，哪些工作是今后几天内要完成的，哪些是长远的目标。这样，你就会精确地找到需要优先处理的问题，从而避免被那些不重要的事情分散精力。即使你决定在某个合适的时机停止工作，工作进度也在你的掌握之中，不会受到影响。

二、学会分派任务

如果你是位主管，在写出了任务清单后，还要认真考虑一下，哪些任务是可以分派给团队中其他成员来完成的。每天早早找出这些任务，会使团队成员能够尽早开展工作，从而加快完成任务的速度。和你一样，同事也希望对每天的事情早做安排，如果你在一天的最后几个小时才把任务分派给同事，同事会不高兴的，因为你有可能打乱了他们的工作计划。

三、把外界干扰降至最低

不要让意料之外的电子邮件、电话和会议打乱你的工作计划，使你不得不加班。为降低干扰，你可以这样做：每隔两个小时而不是每隔 10 分钟查看一次电子邮件；将电话转为语音邮件，只回复那些确有急事的电话；将会议安排在你方便的时候召开。

四、早工作早离开

加班加点工作到很晚可能会引发恶性循环——工作到很晚通常会使你起得晚，然后又导致你要工作到很晚。在一个星期内强迫自己早点开始工作，早一点离开。这样做一开始很困难，但你很快会发现，早点开始工作能够使你每天有做计划的时间，从而提高了你的工作效率。

五、不要在工作时间干私事

一些职场中人放任自己,在工作时间为私人事务分心。其实,在工作时完全不考虑私人事务可能很难做到,但你要提前对这些影响工作效率的事情进行统筹安排。这些小事情会影响你的工作,如果你将很多时间用于与工作无关的事情,那么晚上加班就是不可避免的。

六、依靠和信赖电子邮件

许多日常的交流通过电子邮件就可以完成，不一定非得打电话。使用电子邮件可以使你避免打电话聊天。当然,也有一些事情必须直接与人交谈才能有效运作。但是,绝大多数员工能够利用电子邮件处理更多的沟通交流事务。

七、检查你的技术设备

“磨刀不误砍柴工”,对电脑和办公设备进行升级可以使你更为有效地工作,使你可以按时回家。例如,一台性能强大的电脑可以使你更快地进行网页搜索或是同时运行多个应用程序。

充分利用办公自动化设备和应用程序来完成工作任务,这样会减少手工操作,使你获得更多的时间。

八、今日事,今日毕

许多职场中人由于白天完成不了任务,养成了熬夜的习惯。熬夜会使你工作效率降低,甚至危害你的健康。因此,员工要想方设法提高工作效率，做到“今日事，今日毕”。记住，你不是超人，公司雇你也不是为了解决所有的问题。做好你职责范围内的重要工作就可以了，不要忙着给其他部门提建议、搞策划。如果手上有太多额外的事情，你自己的本职工作往往不能很好地完成。

自我调整，创造一片新天地

“跟我走吧，心不要害怕。有一个地方，那就是快乐老家。”缓解压力，走出情绪低谷，让你的心情快乐起来。我们应该是快乐的天使，而不是忧郁的可怜虫。来吧，调整好你的情绪，让我们一起去寻找工作中的“快乐老家”。

不要让工作追着跑，发挥个性，张扬本色。

工作步调不断加快，得失之间情绪的变化常把自己搞得头昏脑涨，稍有心态调整不当，就有可能落入情绪忧郁的恶性循环中。

在自己工作情绪不好时，你可以通过各种方法来排解：比如跑到室外用自己的拳头在沙包上、在墙壁上、在小树上肆意打上几拳，你的心情肯定会变得好起来。可以把自己的得失向朋友倾诉，特别是在坏情绪降临心头时，可以先做做深呼吸、伸伸懒腰，再去找一位知心朋友随便聊聊天，聊天之后你的低落情绪就会不知不觉地消失。多想想自己成功或者美好的时光，回忆过去的辉煌以及别人对自己的赞美，可以驱散心中的郁闷。听听自己喜欢的音乐，也是放松自己有效的方法。不管情绪有多不好，只要听一下自己喜欢的曲子，顿时就能感受到神清气爽。想办法暂时告别工作中的压力，轻松轻松，不仅便于自己发现生活的乐趣，也能为再次做好工作鼓足干劲。

一、努力让环境“新鲜”

陌生的工作环境可以让自己感到好奇、兴奋、新鲜，什么事情都跃跃欲试。不过逐渐熟悉了工作环境之后，这些心态将渐渐离自己远去，更多的是谨慎、见怪不怪、程序化地完成工作任务。长此以往，工作积极性自然下降。为此，你可以想办法为自己创造各种“陌生”环境，让自己好奇、兴奋、新鲜的心态永远存在。除了工作环境，你可以去外部开辟学习充电的各种不同环境，为自己的进一步发展“充电加油”，比方说积极参加单位或者社会的相关培训，努力地争取在各种场合结识专业人士等。

二、合理调配“自我”

善于安排个人精力的人总是感觉到生活是轻松的，工作是愉快的。为了达到这种境界，你应该对所有的工作都做好计划，并在规定的时间内完成。工作结束后，要充分利用自己的闲暇时间，切忌将工作带回家做。对于个人的进展应该定期进行“标记”，以便让自己明白，目前已经完成了什么，还有什么工作没有完成。对没有完成的任务，应该规划好完成的时间，并在某段时间内合理分配自己的精力将其完成，从而使工作、学习、生活、娱乐尽量做到更有效率，形成良性循环，不断地提升自我。

三、找出压力的根源

工作中的压力是每个人都会有的，但最主要的一点就是你能否适应这份工作。如果适应的话，那么工作中的压力就是自己进步的动力，你会很从容地去面对，找出压力的根源所在：如果是欠缺知识，那么你就应该去给大脑充电；如果是人际关系等其他方面问题，那么你就应该向有经验的人去学习，多找公司的同事谈心。其实有些事情在大家开诚布公的讨论中就解决了！当然压力的来源很多，但最主要的是自己永远有颗自信的心！

四、同事是最好的"减压"医生

在工作中，每当你遇到难题，并因此而产生了无形的心理压力时，你可以找单位中关系好的同事进行倾诉。因为，这时对你知根知底的同事，往往最能客观地对症下药。

Chapter 8

经常充电，时刻保持新鲜感

这是一个知识大爆炸的年代，也是一个能力恐慌的年代。一名员工想要发展自己，使自己上升到更高的层次，最好的办法就是经常给自己充电，让自己时刻都能呼吸到新鲜的氧气。唯有如此，你的知识体系才不会过时，自我价值才能最大限度地得以实现。

失败皆因无知

作为一个现代人，学习是一辈子的事，无论何时何地，永远不要停止学习。因为今天的知识到明天就会过时，如果我们停止学习，就会停滞不前。而最惨烈的竞争往往就发生在你意想不到、准备不足之时。

从小到大，我们品尝了太多失败的滋味，却从不知失败的根源在哪里。

其实，失败的原因千千万万，但归根到底只有一个——无知。英国哲学家斯宾塞说："我们的生活由于无知而普遍地缩短。"

这话真是一语中的！我们甚至还可以说得更绝对一点：一切失败皆因无知。这里所说的“无知”是广义的，基本包含三层意思：

（1）确实没有任何知识，也没有求取新知的意识和能力，这是绝对的无知。

（2）有一定的知识，但稍有成绩后便因循守旧，不思进取，这是相对无知，无新知。

（3）第三种是相对高级的无知，即有知识基础，也在不断求取新知，但努力得不够，知识积累和更新的速度不如竞争对手。相对而言，这也属无知了。

我们更应该重视的是“相对无知”。

有一则成语叫“江郎才尽”，说的是南朝人江淹。他自幼勤奋好学，每天从早到晚都在父亲的书房里读书吟诗，只有饭后才和小伙伴玩一会儿。因此，他年长后写出了很精彩的诗文，一时间闻名遐迩。尤其是《恨赋》《别赋》两篇，为历代所传诵。当时的文坛尊称其为“江郎”。

后江淹因才学超群而入朝为官。他经常一边饮酒一边挥笔疾书，几杯酒喝完，就拟就了几十份文书，其豪情才气深得皇帝的赏识和喜爱，曾官至金紫光禄大夫。但是，随着官位日高，声名日盛，江淹自满自足，致使青年时期的文思和才华大大退步了。因此人们称之“江郎才尽”。惋惜之情、警醒之意，也只有借江淹自己《别赋》里的名句才能表达：“黯然销魂者，惟别而已矣……值秋雁兮飞日，当白露兮下时。怨复怨兮远山曲，去复去兮长河湄。”

无知使我们胸怀狭窄、目光短浅，使我们安于现状、故步自封，使我们骄傲自满、松懈怠惰。一句话，无知使我们丧失了最可贵的创新精神和创造力。

如果说20世纪七八十年代靠“胆子”，八九十年代靠“点子”，那么在当今社会，则必须靠“脑子”。摸着石头过河的时代结束了，我们已经进入“深水区”。这时候，潮水上涨，你如果仍然没有弄潮的知识，只能淹没在失败的海洋里。

不仅失败因为无知，而且从古到今，哪一桩人为灾难不是“无知”的结果？

汉高祖刘邦以前是不读书的，而且最看不起读书人。然而，在稳坐江山后，他却告诫自己的儿子说：“我生逢乱世，时逢秦始皇焚书，自己反倒高兴，以为读书没有用处了。待做了皇帝，才知道读书的重要。读书使人明白道理，由此而回想过去所做的事有许多不是。”

无知的人，也许撞了大运，会得意一时，但决不能长久。如果不能及时充电，他们的失败将是必然的。反观那些立于成功巅峰的人，他们无时无刻不在学习。

怎样证明你比别人更优秀？

有一则寓言在职场中颇为流行：草原的夜幕下，一头狮子在沉思：“当明天的太阳升起，我要拼命地奔跑，追上跑得最快的那只羚羊。”与此同时，一只羚羊也在琢磨：“当明天的太阳升起，我要拼命地奔跑，逃脱跑得最快的那只狮子的追赶。”

如今，越来越多的职场中人如同奔跑的“狮子”和“羚羊”，一种对自己原有的知识结构、知识层次不满意而产生的彻骨的危机感,促使职场中人走进课堂充电加油。因为他们心里清楚,眼下市场竞争激烈,求职时只顾眼前利益、不考虑长远因素显然是不行的,在职充电已是大势所趋。

如果停止学习,别说晋升了,恐怕连现有的饭碗都保不住!

职业半衰期越来越短,所有高薪者若不学习,无需五年就会变成低薪!人才处于不断折旧中,而学习是防止人才折旧的最好方法。人才市场也随之出现了新的概念,由原来的高学历、高职称就是人才,转向有需要才是人才。

科技发展一日千里,市场经济千变万化,对人才的需求也随之不断改变。因此,未来社会只有两种人:一种是忙得要死的人,因为工作和学习;另外一种是找不到工作的人。来自人才市场的信息表明,现在的人才市场对英语人才的需要已经由原来的纯英语人才转向法律英语、金融英语等复合型人才;IT 行业更是如此,由原来的单一型 IT 人才转向 IT+ 管理、IT+ 产品研发等复合型 IT 人才,单一型人才的地位眼看难保。

因此,要想保住自己的职位,并谋取进一步的晋升,必须多争取一些培训机会。

大势所趋,在不少单位的招聘广告中,"培训机会"已被写在了显赫的位置上。随着信息时代新知识的膨胀性扩展,企业管理人员最终意识到,企业内部人力资源必须通过不断地开发,企业员工所具有的知识与技能才能完成再生及再利用,否则这种"易耗型资源"将会随时消耗殆尽。在高工资之外,人们更渴望公司提供培训教程。某杂志表示,管理者必须与从业人员进行更有效的交流,提供使专业人员提高技能的学习进修机会。

事实上，在单位不能满足自己时，有心计的白领们早已自掏腰包开始接受再教育。工商管理、计算机、财务、英语等都是比较热门的项目，这类培训更多意义上被当作一种“补品”。在以后的职场冲浪中，这些培训将化作各种资格证书，在求职或跳槽时增加跳槽者的分量，有时学历证书反倒排在了后头。

随着职场进入了后学历时代，学历之外的素质训练将被用来证明你比别人更优秀。

知识是飞上天堂的羽翼

这是一个知识大爆炸的年代，每个家庭都有书报杂志，并渐渐成了现代人生活的必需品。一个没有书籍、杂志、报纸的家庭，等于是一所没有窗户的屋子。

知识决定命运，这句真理在现代社会得到了有力的印证。

李嘉诚先生是香港首富，新近又跻身世界十大富豪之列。在最近一次采访中，有记者问他是如何掌控和管理他那巨大的“王国”，以及如何推动这个“王国”长久前进的。李嘉诚先生仅仅说了四个字：依靠知识。

如今的李先生已是年逾古稀的老人，但他每天晚上睡觉前都要看书。当追问他前一天晚上看的是什么书时，他说，我昨天晚上看的是关于信息科技前景研究的书，我相信这个行业会发展得非常快。我比较喜欢科技、历史和哲学方面的书籍，最近对网络资讯也比较感兴趣。

那么，日理万机的他又是如何安排自己的时间的呢？李老先生坦言：每天清早不到6点就起床了，打高尔夫球运动一个半小时；白天工作、开会；晚上睡觉前是铁定的看书时间。

无知永远是相对的，今天的大学生，也许明天就成了“文盲”。所以那些有先见之明的人们，从来没有停止过对新知识的追求。

或许你已经在学校里学了四年，获得了学位，但并不表示你已经完成了所有的教育。教育是人一生中必须持续不断的程序。你如果想在职场中做好每件事，就必须在一生之中使用各种方法不停地学习。

幸好，“知识是可以取得的东西，今天没有知识，明天会有。因此，任务在于学习，再学习。”莎士比亚告诉我们：“知识就是我们借以飞上天堂的羽翼。”

社会学家W. 罗伯特·华纳说过，美国的理想是建立在每个人都能“成功”这一信念上的，而一个人想要出人头地的主要方法，就是教育。经营公司的人，必须利用人事考核、训练计划以及晋升规定，为员工提供各种升迁的机会。

事实上，许多公司都已编列预算，为他们的职员提供特别的训练计划；对那些具有进取心和创造力、利用自己的时间和金钱去接受特殊训练的职员，也常常会给予升迁的奖励。

查理斯·C. 佛洛斯特，本来是佛蒙特州的一个鞋匠，由于他每天都利用一个小时研究学习，后来竟成了一位著名的数学家；约翰·亨特是个木匠，他利用工作之余研究比较解剖学，每天晚上只睡四个小时，终于成为比较解剖学的权威学者；忙碌的银行家约翰·卢伯克爵士，在空闲时间努力研究，成为著名的考古学家；乔治·史蒂芬森在夜间值班的时候，努力研究，结果发明了火车头；詹姆斯·瓦特一方面靠制造工具为生，一方面研究化学和数学，结果发明了蒸汽机……如果这些人都对现状感到满足，对于社会来说将会是一个巨大的损失。如果安于现状，只是为领取薪水而不再学习，那么，在当今这个竞争激烈的社会中，是不可能成功的。

其实，那些成功的人并非天生就具备使其获得成功的能力，他们同样必须学习技术，获取能够加强其才能的知识。即使是已经获得成功的人士，为了跟上时代潮流、适应政府的新法规政策以及熟悉其对手所采取的策略，仍需要继续研究与学习。

并不是每个人都能够得到理想中的高职位，有些人必须在这个世界上做那些他不太想做的工作。但是，只要他愿意训练自己，培养更好的能力，他就不会永远停留在低层的工作上。

当然，整天工作，还要连续几年每个晚上都去学习，这不是一个轻松的计划。每个人都需要从家里得到所有他能够得到的激励，以支持自己不致半途而废。人们常常会在学习过程中感到厌倦、失望，并且因为怀疑这些努力的价值而感到痛苦——这些努力也许看起来就像是在浪费时间。然而，只要你不断地增加你的知识，不停地向着你的目标奋斗。总有一天，你将站在别人无法企及的高度，到那时，你将不枉此生。

养成终生学习的好习惯

身为现代人，要想适应不断变化的社会，必须养成终生读书、学习的好习惯。

看看那些年逾古稀、学识渊博的老学者，嘴里都没牙了，还仍然念叨着“活到老，学到老”。再看看一些年轻力壮、精力过剩的青年，他们大把地挥霍着有限的青春，却从不知道学习的紧迫性，这实在令人痛惜。

“各界人士，如商业界、运输界、制造界的人士，都曾告诉我，他们最需要、最欢迎的大学生，就是那些有选择书本以及善用书本能力的人。”耶鲁大学的校长海特莱说，“这种选择书本、善用书本的能力，最好是在家庭中养成。”

如果你很穷，你可以在吃饭、穿衣上节俭，但千万不要在购买书籍上节俭。花钱学习，你可能会暂时贫穷；不学习，你却要穷一辈子——包括经济上和精神上。

迈克一家，父母子女相约每晚留出一部分时间，为读书或别种学习之用。晚饭吃完，他们共同休息及游戏。在一小时之内，或谈笑戏谑，或做各种游戏，极尽欢娱。一小时后，轮到读书的时候了，他们各就各位，静默到连细针坠地都可听见，或阅读，或写字。即使其中有一个人觉得不舒适、不高兴、无意自修，他也当静默者，不去干扰他人。

对全家人来说，这可真是个好习惯。事实证明，一小时聚精会神、不被干扰的读书，其成效要高过常被干扰、心不在焉的两三小时的读书。无论你多忙，总有很多光阴是虚度的。这些虚度的光阴，假使能善加利用，能获得巨大的好处。

中国有句古话叫“士别三日，当刮目相看”。前任哈佛大学校长爱略特曾说：“如果一个人能养成每天读十分钟书的习惯，那么二十年之后，他的知识程度将判若两人，只要他所读的都是好的书籍，也就是大众所公认的世界名著，不管是小说、诗歌、历史、传记或其他种类。”

海威希现在是一位小有名气的律师，但是他曾经因为没有受过高等教育而只能靠挖壕沟生活。他刚踏入社会的时候，在堪萨斯城一家贸易信托公司里当小职员。后来他来到俄克拉荷马州的马歇尔市，进入壳牌石油公司做事。他爱上了市长的女儿爱芙琳·英格，并和她结了婚。不久，发生了经济大危机，海威希和许多职员马上就要被解雇了，因为他所受过的训练和经验都不够，没有办法担任除书记员以外的工作，而这种书记员的工作，在当时是人满为患的。因此他只好接受了他所能担当的唯一的工作：以每小时四毛钱的收入，在石油管理工程公司里挖壕沟。

他想尽办法改善生活。于是，他经营了一家小型高尔夫球场，再加上他太太在一家店里工作的收入，那几年的生活总算还过得去。后来，他又被壳牌石油公司起用了，转到俄克拉荷马州的杜尔沙市，在会计部门办理有关投资的文书工作，但是他对于会计工作却是一窍不通。

为了工作，他只有一个办法——学习。他来到俄克拉荷马会计学校的夜间部会计科上课，这是他所做过的最聪明的一件事。因为这些课程使他了解到，可以利用晚上的用功学习来弥补工作上的不足。

经过三年学习，他的薪水翻了一番。随后他又马上进入杜尔沙大学夜间部的法律系上课，四年内修完全部学分，得到了本科学位，并且通过律师资格考试获得了律师从业资格证。

但是，他仍然不满足，于是他又回到夜间部上课，准备参加会计师资格考试。研究高等会计三年以后，他又学了一门公众演讲的课程。最重要的是，这么多年以来的夜间教育，已经使他的薪水比二十年前挖壕沟的时候多了二十倍。

海威希先生除了在自己的律师事务所执业以外，还在俄克拉荷马州法律和会计学学校授课。海威希的故事，是教育自己以获得成功的典型范例，任何一个愿意付出时间和努力的人都可以做到。

有道是滚石不生苔，坚持不懈的乌龟能快过灵巧敏捷的野兔。如果能每天学习一小时，并坚持十二年，所学到的东西，一定远比坐在教室里接受四年高等教育所学到的多。

有个年轻人，他经常出门，很少在家。有时乘火车，有时坐轮船，但无论到什么地方，他总是随身携带着一包书籍，以供随时阅读。一般人浪费的零碎时间，他都能用来自修、阅读。结果，他对于历史、文学、科学以及其他学科的学问，都有相当的见地，成为一个学识渊博的人，从而促成了自己一生的成功。与这个年轻人相比，我们大多数人却在浪费自己的宝贵零碎时间，甚至在这些时间里去做对身心有害的事情。

学习是一辈子的大事，关系到你的未来是事业有成，还是穷困潦倒。只有不断学习，才能不断进步，一个人的知识储备愈多，才能愈丰富，生活愈充实。因此，我们应抓紧一切时间，去多读书，读好书，掌握更多的知识和资讯。

提高技能，经常给自己充电

增加你的学识，打造全新的自我。如果你想进一步提高自己的管理水平和工作技能，增加自己的学识，从而尽快达到职场精英的水平，参加一些培训是必要的。但是，获得提高的最好方法未必是坐在教室里，接受老师"正规"的培训。那么，除了"正规"的培训之外，还有哪些方法可以提高技能、增加知识呢？

一、独立式学习

独立式学习就是让学习者独立完成一项具有挑战性的工作。这听起来不像是培训，但是这种潜在的培训价值很快就会在员工工作中显露出来。试想在整个工作中，他必须合理地安排每一个工作步骤：在什么时间达到怎样的目标；决定采取哪种工作方式、哪种技能；当工作中遇到困难的时候，他得自己去想办法，拿出一些具有创造性的解决方案。这些对于培养一个人独立思考和创造的能力都是很有好处的，这种学习方式也有利于促进学习者为独立完成工作去学习新的技能，迎接更大的挑战。

二、贴身式学习

这种培训是安排学习者在一段时间内跟随"师傅"一起工作，观察“师傅”是如何工作的，并从中学到一些新技能。学习者如同“师傅”的影子。这就要求“师傅”必须有足够的、适合的技能传授给这个“影子”，而且“师傅”还需要留出一定的时间来解决工作中存在的问题，并随时回答“影子”提出的各种问题。这种培训方式在需要手工完成任务的领域较为常见，它不仅锻炼了员工的动手能力，还提高了他们的观察能力，增加了他们的学识。

三、开放式学习

这种学习方法给接受培训的人以较大的自由，学习者可以自由地选择学习的时间和学习的内容。学习的内容根据工作需要可以是管理课程，也可以是计算机编程方面的知识，或者是他们感兴趣的、在工作中有用的一些知识。他们可以到图书馆里去自修，还可以请公司的业务顾问帮忙。有的公司甚至要求学习者在一段时间内阅读一些与他们工作相关的书籍，然后在公司的培训会上讲演。

四、度假式学习

有些公司通常会允许或安排某些业务骨干每星期抽一天或者半天的时间到工商管理大学去学习短期培训课程，并希望他们学成后，能够将这些理论知识应用到工作中解决实际问题。这就是所谓的“度假式学习”。通常员工也会利用这个“假期”获得相关的资格证书。

五、轮换式学习

在某些公司，我们通常会看到这样一个现象：一位经理前两年在公司的一个部门任职，而接下来的两年却转入另一个部门任职，这就是所谓的“工作轮换”。它适用大大小小的公司。一般公司规定一两年内某些管理者的岗位就要轮换一次。到那时，新的岗位，新的职位，新的员工，新的问题，一切从头开始，这样做有利于培养出全能型人才。

不断努力，令自己不可或缺

从古到今，凡是成功人士都不满足于现状，而是不断地为下一次的成功作准备。你要认识到，成功并非终点，它只不过是你一段时间的小结而已。成功是下一段旅途的起步，应该准备好，走好下一步，为了下一次的成功再接再厉。

“今日的努力是美好明天的基础。”随着科技的发展和时代的进步，不断出现新知识、新技能，需要我们不断“充电”、学习，不断创造出效益，增加自己在职场上的砝码，让自己有更多的发展机会。

因此，你片刻都不可以放松学习。利用业余时间学一些有利于提高工作效率的知识，利用目前可供自己自由思考的时间来保证将来的成功，这既是投资，也是保险，更是将来的利润。

亚德里恩是巴黎一家五星级大酒店餐饮部的小厨师。他并不英俊，憨憨的，谁都可以说他两句，他都照单全收，从不还嘴。他没有什么特别的长处，做不出什么上得了大场面的菜，所以他在餐饮部里只能当下手。但是他会做一道非常特别的甜点：把两只苹果的果肉都放进一只苹果中，那只苹果就显得特别丰满。可是从外表上看，一点儿也看不出这是由两只苹果拼起来的，果核也都巧妙地去掉了，吃起来特别香。

一次，这道甜点被一位长期住在酒店的贵族夫人发现了，她品尝后，十分欣赏，并特意见了做这道甜点的亚德里恩。这个一直不被人重视的憨小伙激动地表示，他将再接再厉，以不辜负夫人的赏识。

贵族夫人虽然长包了一套最昂贵的套房，一年中也只有不到一个月的时间在这里度过。但是，她每次到这里来，都会点那道亚德里恩做的甜点。酒店里年年都要裁去一定比例的员工，经济不景气的时候，裁员的规模甚至会更大。不起眼的亚德里恩却年年风平浪静，就像有特别的后台和背景。后来，酒店的总裁告诉他，那位贵族夫人是他们最重要的客人，而他，可爱的亚德里恩，是酒店里不可或缺的人。

随着科学技术的进步，人才的重要性及培养人才的必要性越来越显现出来。于是很多企业都纷纷用各种方式，鼓励员工们学习专业知识和专业技能。有些企业举办职前教育，有些企业甚至出资让职员出外进修，或举办各种在职教育，目的是使员工具备更高的专业水平，为企业发挥更大的作用，使企业得以壮大发展。

检查一下自己是不是一个不可或缺者。你拥有别人没有的资源，这就是你在职场存在的理由，这就是你能够安身立命的资本。有意识地学习广泛的知识有助于一个人工作能力的提高。要和别人竞争，首先就要有一些自己有而别人却没有的资源，也就是成为工作中的不可或缺者。

一般情况下，许多企业举行职前教育或岗前培训，是为企业培养所需要的人才。公司在职前教育中所教授的课程，都是你在未来的工作中所需要的知识和技能。你若能虚心地学习，熟练掌握技术，对你今后的工作必有很大的帮助。所以，在工作中你要抓住每一个学习的机会：

1. 积极参加职前培训

这是非常难得的绝佳机会，你应当十分珍惜。要利用这次机会，充分获得立足公司所需要的各种基本知识和专业技能。你还可以通过职前培训，了解公司的各种情况，熟悉公司的环境与同事，等等。

2. 利用空闲时间从事职业技能进修

如果你是办公室职员，更应利用空闲时间从事职业技能进修。如此才能充实自己的实力，为进一步发展准备本钱。

3. 取得更高的学历资格

如果你是一位有志向取得高学历资格的人，可以参加成人教育，到成人高校学习。这些学校可以提供优质的教学服务。人生的目标不只是升职和加薪，更主要的是自身的发展，最终创造自己的事业。无论你选择什么课程，目的都是充实自己、发展自我。

选择自我提升的捷径

职场中，时常会看见一些天分颇高的青年，一生却只能做些平凡的工作。这是因为他们的天分虽然很高，却没有受过充分的训练、培育。他们从来不会意识到自己的进步，他们庸庸碌碌，所看到的只是每个月固定的薪水，结果他一生也就只能做一个微不足道的无名小卒罢了。

要想在职场上取得辉煌的成就就要不断地完善和充实自己，这一完善和充实的过程首先需要根据每个人的实际情况来选择提高自身“功力”的方式和途径，找到正确的学习方式和途径是提高自我能力水平的必要保证。

人们通常只能利用其一小部分的天赋来从事事业，而不能开发其全部的天赋才能，所以他们在事业上一定会吃很大的亏：本来足以成为领导，却因为没有受过相当的教育与培训，而不得不受制于人。

美国拥有据称是世界上最大的公立学校系统，但大部分美国人却因为上学和去图书馆不花钱，对这两者并不是很重视。许多高明的企业管理者会优先考虑、录用在家修过研读课程的员工。这些管理者从经验中得知，胸怀大志、愿意割舍闲暇时间在家读书的任何一个人，其内心正有着构成领导力的那些特质。

教育即是力量，你利用十分钟时间阅读一些书籍，在自修上下一番功夫，就可以帮助你在事业上获得一分进步。许多志在成功的人，在他们工作的早期，年薪很低，工作很辛苦，但他们却仍然利用其闲暇时间自修、自习以求上进，甚至往往比他们在日间的工作更为努力。在他们看来，薪水并不是最重要的，追求知识、要求进步才是真正的大事。

多数大城市里都有夜校。对需要接受专业教育的人士来说，夜校是最可靠且实在的知识来源之一。函授学校可以将专业培训材料送达邮政体系所及的任何地方，通过推广的方式教授所有科目。在家修课的好处是课程有弹性，让学员可以在闲暇之余进行学习；另一个好处是大部分函授学员都有咨询的特权，对于需要专业知识的人士而言，这可真是无价之宝，不论你家居何处都能受益。

人性中有一种无可救药的弱点：得过且过、苟且偷生。规划闲暇时间，自己在家研读、进修的人士，很少会在基层久留。他们的行动开启了步步高升的坦途，一路上消除了许多障碍，并能引发有办法提携他们的人拉他们一把的兴趣。

在家研读的训练方式，尤其适合抽不出时间去上学，或离校后又发现自己有必要多吸收一些专业知识的人。

斯托·卫尔原本想做一个机械工程师，并一直都在朝这个方向去努力。但后来美国发生了经济大危机，就业市场付不出他所要求的回报。他考虑了自己的能力，决定改行学习法律，于是他又回到学校，修习将来可以当法人律师的特别课程。完成课程之后，他通过法律考试，很快就顺利地执业了。

生活中有很多人往往都会找借口不去学习，例如："我还要养家糊口，我不能去上学。""我太老了。"

斯托·卫尔回学校上课的时候已年逾不惑，并且已婚。更令人惊讶的是，斯托·卫尔仔细挑选了法律专业最强的多所院校去修高度专业化的课程。大半法学系学生需要花上四年时间学习的课程，他只用两年就读完了。

每个人都希望能以最快的速度成功晋升，但是很少有人在刚刚步入社会的时候，就已经具有担任高层职务的能力，因此必须一面工作,一面学习,同时不忘从经验和特殊训练之中学习积累。

人的一生都是受教育的时期,社会就是我们的大学校,我们所遇见的人、接触的事物、得到的经验,都是人生大学校中的教师。只要我们开放我们的耳目,那么在生活或工作中的每一分钟,我们都可以获取许多的知识。然后在空闲的时候,我们可以用“深思”的方法,将那些零碎的知识组织、整理起来。

一个人愈能储蓄就愈易致富。你愈能求知,则愈有知识;你能多储一分知识,就足以多丰富你的一分生命。这种零星的努力、细小的进益,日积月累,可以使你于日后大有收益,可以使你更为充实、饱满,可以使你更能应对人生。

有的人或许以为利用闲暇的时间来读书得不到多大的收益,并不能起到与学校教育相同的效果,因而不想在闲暇的时间读书。这无异于一个人因为自己收入不多,以为即使尽量储蓄,也不能致富,所以一有金钱就尽数挥霍,不做一点储蓄。难道你就没有看见许多人就是因为利用了零星的闲暇时间,而求得了与学校教育相等的学识吗?

如今的社会竞争日趋剧烈,职场形势日益复杂,所以你必须接受充分的教育,具有充分的学识,以作为你的“甲胄”。

获取知识的方式多种多样,大多数人的问题就在于一心希望在顷刻之间成就大事。其实事情是要渐渐成就的,你应该不断地努力读书、自修,不断地充实你的知识宝库。

充电是一笔伟大的“投资”

在被称为“后学历时代”的今天，充电其实就是一种“投资”行为。

为什么这么说呢？这是因为，充电需要花费不菲的财力、精力和时间，而其回报就是你竞争力的提高。所以说，充电决不能盲目进行，更不能见什么学什么，一定要事先做好周密规划。如果把培训、充电比作一项投资，如何让有限的投入取得预期的回报，是值得职场中人关注的现实问题。

一、找准充电时机，适时提高专业技能

我们在学校里学的是基础学科，应用性不强。因此，缺乏专业背景和正规培训，往往成为你履历表中的一个弱项。你应该选择一个与从事职业相关的专业，赶紧补补课，以提升自己的专业技能和知识，增加职场竞争力。

二、随时刷新知识结构

知识的更新速度是飞快的，职业生涯本身就是一个不断深造、不断积累、不断提升的过程。如果不学习，不接受新事物，不用新近出现的知识、技能武装自己，当新技术普遍运用时，你就有可能被淘汰掉。职场中人，要想在日新月异的行业中求得发展，就必须主动及时更新自己的知识结构，掌握最新的技能、技术，为自己职业的发展补充新鲜血液，做足随时前进的准备。

三、及时为转型做准备

“技多不压身”，在不断变化的职场上，很多人即使已身为高级主管，也会有危机感，所以，充电是职场人的必要选择。理性的职场人，都会为自己的职业发展做切实可行的规划，而充电计划是职业规划中不可缺少的组成部分。在职场选择中站在十字路口徘徊的人，更应该通过及时充电，找到适合自己的职业、岗位，走出职场的困惑期，在充电中找到自己的方向。

四、做足充电规划，找准定位

保持敏感，时刻关注自己所处的行业对人员技能需求的改变，这将决定学习方向。认真分析一下这个领域对所需人才有什么样的标准和要求，诸如学历、工作经验、专业背景等，与之相比，自己有哪些长处和劣势。想要得到发展，就要随时按市场的要求调整自己的目标和充电方向，才能在济济人才中脱颖而出。充电一定要选使自己价值得到提升的专业或是学历，要通过充电看到自己真正学到了什么东西，什么技能能使“自我增值”达到最大化。如果仅仅是为了一张文凭，这种充电的想法是不可取的，也是非常不理性的。

五、创造充电环境

尽管充电都选择在业余时间，但难保不会出现与工作相冲突的时候。要想顺利充电而无后顾之忧，做好上司和家人的工作也很重要。找机会与上司谈谈，使他明白你想充实自己且尽量不耽误工作。充电之前有过充分的沟通，一般能得到上司的理解和家人的鼎力支持。

六、选好“充电器”

如果你需要进入好企业的敲门砖，可以选择既能获取文凭，又能让你改头换面的系统性学习。选择这样的教育首先要弄清是谁在办学？他们的教学水平是否能保证你学到真东西？他们的证书或文凭在相应的领域中是怎样的位置？你拥有了这些文凭对你的职业发展是不是很有好处？

如果你已经有一个满意的工作和职位，但危机感很强，可以选择短期培训。你的目的在于学到国际化的先进理念和技术，让你能适应全球化变化和竞争。应当特别注意的是培训的师资和教学内容是不是和国际接轨？是不是有实际经验的人在教你？

毕业后想再获取高学历可以选择攻读在职研究生，但攻读在职研究生首先需要学士学位。根据有关规定，在职研究生班的结业证书可在评定职称中使用。

如果大专毕业生想要直接攻读硕士学位，选择余地就很小了，目前，大专学历只可以申请 MBA 专业的硕士学位。近一段时间，还出现了一批针对特色行业开办的研究生班，如保险学、房地产投资、物业管理等研究方向的研究生班。同时，还有一些新兴领域研究方向的研究生班，如网络传播、项目管理等。

如果你具备较丰富的资历，更适合你的是相应的国际资格认证。参加国际资格认证考试往往需要一定的职业培训，并具备相应的报考资格。在备考的过程中，你就能在职业水准方面获得很大的提高。要注意选择国际资格认证时要看其是否具备国际先进性，是否具有实用性。

如果你准备攻读海外学位,也有多种学习方式供你选择。为避免国外高额的学习费用,目前已有一些国外知名院校将教学点开办在中国内地,学生在国内就可攻读专业课程,获得海外学位。

职场修炼之“另类充电”

如今,竞争愈来愈激烈,如何在竞争中占有一席之地?过去那种靠关系、走后门的方式已经渐渐跟不上时代了,只有自己才能改变自己的命运。怎样才能让自己的工作更上一层楼,让自己的状况有所改变,只有充电、充电再充电。

目前,许多智者们纷纷放弃双休日的休息时间,到学校或有关培训机构进行充电学习,以提高自己的含金量。充电方式有多种,当我们还在乐此不疲地进行技能充电时,智者已经先行一步,开始参与多种另类充电,以提高个人素质及综合能力。

一、另类充电之一:训练口才

这是一个越来越注重“说”的时代:竞争职位、应聘面试、推销业务……都要有说服力。在国外,口才训练是企管界颇为流行的培训项目之一。在这样的形势下,口才培训也日益受到白领一族的追捧。

通过口才充电,可以提高自己的语言技巧,增强自己的表现能力,改善职场的人际关系。另外,口才充电还可以提高自己的演讲水平,以利于竞聘新职位,因为晋升到了更高的管理层面,需要学习与上下级更好地交流沟通的技巧。业务员可以通过口才充电提高业务水平和竞争力。“老板级”人物可以通过口才充电为自己树立更好的领导形象。

四十岁的李女士是国企的中层领导，由于自身的性格问题，在口头表达上总是有些欠缺。在一次单位总结发言上，她一上台由于紧张过度而完全忘词了，因此丧失了一次升迁的大好机会。当听说有口才培训班时，她便毫不犹豫地报名了。第一次培训老师叫她上台演讲时，李女士在台上结结巴巴，手足无措。后来在培训过程中，李女士不仅通过了声音训练、目光训练、肢体语言这些基本功练习课程，让自己学会说话技巧，还请培训老师在心理上给她指导。李女士通过模拟各种场景，如开会，演讲、晚会等，突破自己的心理障碍，有效地进行训练。经过半年的培训，如今李女士上台已表现得自如许多，她对自己的职业前景也充满了信心。

只会做不会说在 21 世纪已吃不开。21 世纪的优秀人才需要三大战略武器：知识、电脑和口才！改善口才其实也就是在改变一个人的思维模式，是在为其职业发展而充电。“投资口才等于投资未来”、“要想成才先练口才”，这已经成为职场中的流行口号。

二、另类充电之二：修养充电，追求个性

由于广泛而日益频繁的社会活动，都市新女性不再仅仅满足于吃、穿等物质享受，她们摆脱以往那种相夫教子的旧主妇观念，更加注重个性和修养。于是，一种新的时尚开始蔓延——学舞蹈，学钢琴，学插花，学绘画……白领们正悄悄为提高自己的修养而充电。

培养和塑造良好的个人气质和仪态，追求心灵上的完全放松和心境的彻底改变，为自己的职业发展锦上添花。

肖晓，三十四岁，她自己也没想到，业余的充电竟使她顺利地连跳三级。肖晓从行政管理学院文秘专业毕业后应聘到一家合资公司做文员。平时下班后回到家中除了看看书外，似乎没什么其他好做的事。于是从小对舞蹈有极高兴趣的她，便把精力和寄托转移到舞蹈中，并拿出自己大半个月的薪水参加了某俱乐部的国际舞蹈班。肖晓每周去上两次课，无论刮风还是下雨，从不耽误。通过几个月的学习，肖晓渐渐地入了门，成为俱乐部国标队的一员。在一次公司的晚会中，肖晓一支标准的国标舞引起了公司高层领导的注目。在有关领导了解到她不但舞跳得好，业务能力也很强时，把她从文员调到某部门做经理助理。一年后，肖晓当上了部门经理。

一个人只会自己的专业，无其他特长爱好，在现在绝对是吃不开的。修养充电虽然没有像技能充电那么直接，但对个人素质及综合能力却能起到潜移默化的提高作用。修养充电的目的并不都是功利的，更多的是使业余生活丰富起来，并能从中得到启迪和乐趣。

三、另类充电之三：辞职充电，蓄力待发

一些高级白领都是通过激烈的竞争才获得一份好工作的，因此危机感时刻围绕着他们。为此，当他们工作了几年、拥有了一定的经济基础后，就想到要去继续充电。为了避免工作的干扰，他们甚至主动放弃现有的一切，自愿辞职，全力充电，也借机调整一下心态和人生坐标，以便日后更好地重新走入职场。

万莉原为医药公司销售经理。"把拳头收回来，以积累更大的力量再次出击。"万莉这样解释她辞职的原因。而且她确实觉得累了，需要好好调养一下。目前，她在攻读MBA工商管理班。正在事业蓬勃发展的时候，她放弃了优厚的待遇、良好的事业基础，这一举动令周围许多人不解。而万莉却说，在职场上工作了十几年，自己一直是勇往直前的，现在是停下来调整自我的时候了。对于今后的工作，万莉并不担心，她认为自己选择辞职就是因为有这份自信，而且不断学习新知识是让自己处于职场优势地位的最佳途径。

小心掉进"充电误区"

我们已经知道，在今天的职场上，只有时时"充电"、日日进步，才能让自己保持竞争力。只是，对每个职场中人来说，每个人的发展目标不同，每个人都处在不同的职业生涯发展阶段，如何"充电"还得细细思量。否则一不小心就会掉进"充电"的误区，好事反成了坏事。

一般来说，职场人的"充电"大致分为两类。一种是提高个人效能的，譬如时间管理、沟通技巧、团队合作能力的培训等，这类培训是长期的、持续的，也是通用的，在职业生涯的各个阶段都需要，这类培训常常由公司为员工统一安排。另外一种则是专业方面的培训，如学习新的管理方法、技术等，这类培训常常是个人为提高自己的专业水准或业务能力而进行的，因而一般也是由个人自己制定方案。前一种培训可以说是锦上添花，而后一类的培训常常与所从事的行业、职业有更加密切的关系，如果把握不好方向，就可能陷入误区，反而不利于个人发展。

职场中人在“充电”时要注意两大忌：

第一，“多一个证书没坏处”。

很多人都有这样的想法，就是“多一个证书没坏处”。所以市场上流行什么，什么证书最吃香，他就学什么，拿了一大堆的证书，似乎什么都能干，竞争力也增强了。

“多一个证书没坏处” 这种想法的表现，就是不管自己需不需要，先学完拿了证书再说。这样的“充电”对个人来说不仅是金钱和时间上的损失，更关键的是很容易把自己的职业观念引入歧路。首先，有一大堆不成体系的证书之后，就会觉得自己已经是个“通才”了，什么都能干。但到底自己最擅长什么，干哪一行最好呢？他们对这两个问题却经常会感到很迷茫。更进一步讲，如果因为自己拿了某张证书就去从事某一方面的工作，而不管它是否真的适合自己，那损失的就是自己职业生涯的好几年时间。其次，去求职的时候，用人单位看到你的一大堆证书也会感到很迷茫。用人单位可能会据此认为你缺乏明确的职业发展目标，没有选择能力，反而对求职不利。

第二，在错误的时间点进行“充电”。

“充电”的方向是对的，可是却在一个错误的时间点上进行，结果事倍功半，这也是人们常常犯的毛病。

比如你想朝管理方面发展，“进补”企业管理知识的大方向是对的，关键是制订的“充电”计划在时间上得恰当。对于你来说，不如等自己工作五六年后，工作经验相对丰富，职位也有了提升，职业发展的方向也更加明确时，再读个 MBA 学位，这样对自己的发展更有好处。现在读，虽然也能学到一点东西，对自己今后的发展也会有所帮助，但 MBA 证书的优势得不到完全发挥。

更何况，拿了 MBA 证书，以后的职业发展恐怕就限定在管理这条路上了，因为毕竟花了这么大的成本，谁也不想没有收获。

从另一方面来说，合适的“充电”选在不合适的时机，也是一个误区，这不仅增加了投资成本，还浪费了时间，本来这段时间可以用在刀刃上的。这里的时间阶段，主要指的是一个人职业发展的特定时间阶段。在不同的阶段，根据自己职业发展的状况、专业水平、工作能力以及今后一段时间职业发展的目标，来选择恰当的培训，这才是上策。

几点忠告：

(1) 职场生涯没有一通到底的 passport(通行证)，“充电”是必需的。曾有人说，21 世纪就业的三大基本技能是外语、电脑和开车。也许说得“邪乎”了点，但不可否认的是，如果这三样技能你样样精通，那就是好工作找你多一些而不是你忙着去找好工作。所以，大街小巷的电脑、外语学习班个个都火，驾校报名都困难。

(2) 不断追求更高目标。现在具有大学本科学历的人才遍地都是，三五年以后，估计连研究生都是“堆儿撮”的了。也许，到那时你的本科文凭只相当于现在的大专文凭。天哪，你不害怕吗？所以，有时间还是读个双学历、研究生、博士、MBA 什么的，心里也踏实。

(3) 充电不盲目。不要看着别人报班就跟着起哄，最好选择有实用价值的培训班，有针对性地去学习。

(4) 充电是随时随地都可以进行的，读一本书、与同事探讨问题都是充电的过程。

平凡积累，最后成功

做任何事情都不能急功近利，这是成功的大忌。一口吃不成胖子，长城也不是一天建成的，“充电”也是如此，重要的是不断积累。

另外，对职场中人而言，“充电”固然重要，但在“充电”的过程中，对待手里的工作，一定要脚踏实地，须知成功往往来自平凡的积累。在晋升的阶梯上，女性常常要付出更多。千万不要因为忙于“充电”，而忽略本职工作，这样就有点得不偿失了。

有些人“充电”之后，自以为很了不起了，于是变得眼高手低、心浮气躁，对现在的工作有些不放在眼里，认为自己已经充了很多电，具备了很强的能力，为什么还要做这种卑微的工作呢？在他们眼里，“充电”之后，就会立刻立竿见影，工资、职位应该立马提高一个档次才对。殊不知，这种急功近利的心态，与充电的本意实际上大相径庭。

总是说“这种无聊的工作我才不要做”的人，是因为对自己的才能过分自信或骄傲自满。“骄必败”是铁一样的事实，一旦骄傲就不会有进步，侮慢之心阻止了进步之路。因此，保持谦虚之心才能有新的发现，才有可能一直进步。

初入社会的人刚接触到工作觉得很困难，容易丧失信心。但是，熟悉了工作环境及工作程序之后，就会发现工作其实并没有什么困难，这时就很容易产生侮慢之心。原来“不耻下问”的上进心，就变成了“这么简单的事，不必问也知道”的傲慢想法，最后很容易就变成独断专行。因此，很多人对工作一旦熟练到某一种程度之后，就听不进别人的忠告。不但如此，如果周围的人不照自己的意思去做，这种人会立刻表现得很生气，这对公司可是有害无益的。

公司的工作必须靠大家平心静气地互相配合才能够完成。即使是非常有能力的人，若是惹得周围的人讨厌而成为众矢之的，公司团队中是不会有和谐气氛的，更会把工作弄得乱七八糟，公司不需要这种"有能力的人"。

除了一些从事特定工作的人之外，一般人的工作都是很平凡的。虽然是平凡的工作，也还是需要大家的配合才会有好的成绩，所以就需要非常的努力、忍耐、用功才行。如果做不到这一点，就不能成为一个成功的上班族。正是这些平凡工作的不断积累，才建立起公司的稳固基础，并且使公司能够顺利地发展。因此，公司需要的是能够在平凡中求成长的人。能够把平凡的工作做到最好，你就是成功的。这个道理，正如武侠小说里描写的那样：简单的招式练到极致，就是绝招。

其实，在前面我们就说过，"充电"实际上是一种"投资"。既然是投资，就会有一定的回报周期，不可能你刚把资金投进去，就立刻能拿到利润。对工作而言也是这样，只要你踏实肯干，又能不断积累、不断"充电"来提高自己的能力，终有一日，你会得到你渴望的成功。